"十二五"国家重点出版物出版规划项目

# 气候变化对中国种植制度影响研究

杨晓光 陈阜 著

U0292633

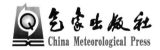

气象出版社
China Meteorological Press

## 内 容 简 介

本书以气候要素变化特征及其对作物种植制度影响为主线，较为系统地分析了我国近50年来的作物熟制界限、主要农作物种植北界空间位移，以及对作物产量潜力的影响特征。全书是基于作者近年来的相关研究成果和文献整理分析完成的，提出了农业气候资源要素与灾害评价、作物种植界限与适宜性、作物生产潜力分析等思路与方法，并针对典型区域和代表性作物的气候变化影响做了深入探讨。

本书具有很强的研究创新性和系统性，可供高等院校、科研机构、气象与农业管理部门的科技工作者及关注气候变化与种植制度的相关人员参考。

**图书在版编目(CIP)数据**

气候变化对中国种植制度影响研究/杨晓光，陈阜著.—北京：
气象出版社，2014.3
"十二五"国家重点出版物出版规划项目
ISBN 978-7-5029-5889-3

Ⅰ.①气… Ⅱ.①杨… ②陈… Ⅲ.①气候变化-气候影响-
种植制度-研究-中国 Ⅳ.①S162.5

中国版本图书馆 CIP 数据核字(2014)第 031694 号

**审图号：GS(2014)340 号**

Qihou Bianhua dui Zhongguo Zhongzhi Zhidu Yingxiang Yanjiu

**气候变化对中国种植制度影响研究**

杨晓光　陈　阜　著

---

出版发行：气象出版社

| | | | |
|---|---|---|---|
| 地　　址：北京市海淀区中关村南大街 46 号 | | 邮政编码：100081 | |
| 总 编 室：010-68407112 | | 发 行 部：010-68409198 | |
| 网　　址：http://www.cmp.cma.gov.cn | | **E-mail**：qxcbs@cma.gov.cn | |
| 责任编辑：崔晓军 | | 终　　审：周诗健 | |
| 封面设计：博雅思企划 | | 责任技编：吴庭芳 | |
| 印　　刷：北京地大天成印务有限公司 | | | |
| 开　　本：710 mm×1000 mm 1/16 | | 印　　张：11.25 | |
| 字　　数：220 千字 | | | |
| 版　　次：2014 年 3 月第 1 版 | | 印　　次：2014 年 3 月第 1 次印刷 | |
| 印　　数：1～1 200 | | 定　　价：60.00 元 | |

---

本书如存在文字不清、漏印以及缺页、倒页、脱页等，请与本社发行部联系调换

# 序　一

科学家们经过持久而严谨的研究,郑重地指出:全球变化尤其是气候变化,将是全人类面临的严峻威胁,引起国际社会日益广泛的关注。对此,虽然仍有许多质疑与争论,但是权威部门不断地推出事实依据:联合国政府间气候变化专门委员会(IPCC)第五次评估报告第一工作组(WG1)报告指出:1880—2012 年,全球平均地表温度升高了 0.85 ℃;21 世纪中期全球平均地表温度将随温室气体排放的持续而继续升高,相对于 1986—2005 年,2081—2100 年全球地表温度可能上升 0.3～1.7 ℃(RCP2.6)、1.1～2.6 ℃(RCP4.5)、1.4～3.1 ℃(RCP6.0)、2.6～4.8 ℃(RCP8.5)。根据《气候变化国家评估报告》和《中国应对气候变化国家方案》的估计,在过去 100 年中,我国平均气温上升了 0.5～0.8 ℃;1986 年以来连续出现了21 个全国性暖冬,冰川退缩、淡水资源紧缺、海平面上升、极端天气气候事件增多等,这些气候变化的信号令人难以掉以轻心。其实,人们早已直接或间接地感受到干旱、洪涝、高温热浪、冰冻雨雪等极端天气气候事件的危害;其规模、频次以及事件的时空随机性,危及国民经济发展和农业生产的可持续性,甚至使生命财产招致严重损失。

中国处于欧亚大陆东岸中纬度季风气候地带,气候类型丰富多样,与严酷多灾并存,降水的时空分布不均,历来就是引起粮食生产丰歉与波动的原因。对于中国这样一个人口众多的农业大国,粮食生产始终是关系到国计民生的全局性问题,在全球气候变化背景下,粮食产量可能面临更大的波动,我们不仅要关注气候变化的归因,探索这些事件的成因机制和影响,更重要而迫切的是要有所准备,有所作为。

杨晓光教授、陈阜教授经过深入细致的研究,在刘巽浩教授和韩湘玲教授1987 年完成的卓有成效的研究基础上,依据中国半个多世纪气候实测资料,研究了气候变化背景下,中国各区域农业气候资源要素变化特征及其趋势;对中国熟制界限,主要种植作物界限变动,以及纬向、经向移动趋势的气候变化动因进行探讨,论述了种植制度界限敏感地带粮食产量可能变化,进行了种植制度对气候变化适应性量化分析,提出种植制度应对气候变化策略。这一系列研究进展,将对中国种植制度适应气候变化调整提供科学依据。

依据中国有史以来的文献记载和考古发现的研究,中国各区域曾多次发生周期性冷暖干湿的不断变化,导致农牧界限南北来回推移,并引起一熟制和双季稻种植界限摆动甚至达到两个纬距。本书依据实测气候资料,提出气候变化条件下,种植界限纬向变更的可能性幅度,并以气候变动量化分析予以论证,无疑具有很好的学术与应用价值。

　　种植制度是农业布局的核心问题,也是复杂问题,不仅受到气候资源与条件的制约,而且为综合自然地理环境所支配,以及受社会经济因素的驱动,更增添了复杂性。种植制度实质是人工构建的农业生态系统,甚至是农林复合生态系统。因此,结构功能的优化,其稳定性、适应性和抗逆性的追求,资源节约与高效优质生产力的维持,历史形成的丰富多样的种植方式的弃留等,均是有待于进一步求索的科学目标。对其深化研究必将导致农业气象、种植制度等多学科理论与实践应用的交汇,将对中国粮食生产大有裨益,冀盼取得更大进展。

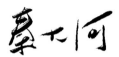

（中国科学院院士　秦大河）

2014 年 2 月

# 序　二

　　人类社会关注气候变化的时间已经很久了，尤其近10多年来国内外相关机构对气候变化影响的研究成果与应对策略越来越多。农业作为利用气候资源的主要产业，无疑是受气候变化影响最为直接、影响程度最为深刻的领域，联合国政府间气候变化专门委员会（IPCC）和联合国粮食及农业组织（FAO）等都将农业列为最易遭受气候变化影响、最脆弱的产业之一。尽管气候变化对未来农业的影响具有很大的不确定性，正负效应及影响程度说法各异，但寒暖、旱涝、风雹、病虫害等灾害造成农作物布局与结构、作物产量的波动已十分频繁，因此，研究探索气候变化对种植制度影响不仅具有重要的科学价值，更有重大的生产实践意义。

　　中国是农业大国和人口大国，粮食是中国农业的永恒主题与难题，它关系经济发展、社会稳定和国家自立的基础，保障国家粮食安全始终是治国安邦的头等大事。长期以来，中国用占世界7%左右的耕地养活了占世界22%的人口，为保障世界粮食安全做出了巨大贡献。但随着工业化、城镇化的加速发展以及人口持续增加，中国的粮食消费需求将呈刚性增长，而耕地减少、水资源短缺、生态环境恶化、气象灾害等对粮食生产的约束日益突出，保障粮食安全始终面临严峻挑战。气候变化对粮食生产能力及粮食安全影响是全球科学界关注的热点，更是中国农业生产必须认真对待和积极应对的重大任务。

　　杨晓光教授、陈阜教授针对气候变化对我国种植制度影响的相关研究取得了重要进展。一方面量化分析了近30年由于气候变暖导致的一年两熟和一年三熟种植北界，冬小麦、双季稻、春玉米中晚熟种植北界局部向北移动等趋势，并对未来气候情景下种植制度可能变化进行了预测。另一方面，针对气候变化背景下作物种植区变化带来的粮食产量可能变化进行了定量评估，并提出种植制度应对气候变化的策略与措施。这些研究结果可以为制定农业应对气候变化相关政策、种植制度的结构与布局调整优化、多熟种植、品种搭配、农事安排以及稳产高产技术提供科学依据，也丰富了我国气候变化对农业生产影响研究内容。

　　当前，人类对自然界的认识还远远不足，寒热干湿、风云变幻等许多气候变化的规律尚待人们去探寻与发现。同时,各地区农作物种植制度的调整所涉及的自然、社会经济等因素也十分复杂。希望他们能够继续努力,针对气候变化对作物生产影响的机制、程度及应对措施等开展进一步深入研究。

（中国农业大学教授　刘巽浩）

2014 年 2 月

# 前　　言

气候变化已成为全球公认的环境问题,而且农业是受气候变化影响最为严重的产业之一。气候变化导致农业生产的热、水、光等气候资源条件变化,直接影响作物生产布局、品种选择和生产结构的调整;同时,干旱、洪涝、高温和低温等农业气象灾害的发生频率增大,又使作物生产的风险增加,产量波动加大。自 20 世纪 90 年代以来,气候变化对粮食生产能力及粮食安全影响成为全球科学界关注的热点,其中气候变化对种植制度影响研究一直是农业应对气候变化的重要内容。

我国气候资源丰富,种植制度类型多样,多熟种植是提高各地气候资源利用效率和高产稳产的重要保障。随着耕地减少、水资源短缺、气候变化等对粮食生产的约束日益突出,积极调整作物种植制度,高效利用农业气候资源,增强农业生产对气候变化的适应能力,确保国家粮食安全的任务越来越重要。因此,研究我国农业气候要素变化特征及其对种植制度的影响,探索适应气候变化的种植区划调整、作物生产与品种布局优化、趋利避害与防灾减灾农作技术模式构建等具有重要的理论和实际意义。

中国农业大学刘巽浩先生和韩湘玲先生于 1987 年完成的《中国种植制度气候区划》对我国农业布局和作物结构调整具有重要的指导作用。但在气候变化背景下,已有的种植制度区划发生怎样的改变,这种变化对作物熟制、品种布局、作物产量有多大程度影响,既是农学界普遍关注的问题,又是农业气象学界亟待解决的问题,也是政府决策和管理部门关心的问题。

针对上述问题,我们在国家公益性行业(农业)科研专项"现代农作制模式构建与配套技术研究与示范(200803028 和 20110301)"、"气候变化对农业生产的影响及应对技术研究(200903003)",以及科技部全球变化研究重大科学研究计划(973)项目"气候变化对我国粮食生产系统的影响机理及适应机制研究(2010GB951500)"等支持下开展研究。这些项目研究目标和内容相当丰富,但我们重点围绕"气候变化与种植制度影响"这一主题凝练相应研究成果,研究团队成员包括农业气象和耕作制度两个学科 10 余名骨干。本书的部分研究成果已经以学术论文发表,其中"全球气候变暖对中国种植制度可能影响"研究成果作为系列文章刊发在 2010—2013 年《中国农业科学》上,研究结果受到广泛关注并为《科学导报》、《农民日报》、《中国气象报》、新华网、新浪网等数十家媒体报道。

全书从整体框架设计上分为 7 章:第 1 章绪论;第 2 章研究方法;第 3 章气候

变化背景下中国农业气候资源变化特征;第4章气候变化对中国种植制度界限影响;第5章气候变化对中国主要作物种植界限影响;第6章种植制度对气候变化适应案例分析;第7章种植制度应对气候变化策略。

特别感谢我们的导师刘巽浩先生,感谢韩湘玲先生,我们的这些研究结果既是基于他们早期的成果开展的,也是在他们的精心指点下完成的,两位老先生敏锐的学术洞察力、严谨的治学精神、执着求索的科研态度是我们学习的典范和楷模。同时,研究生刘志娟、赵锦、李克南、李勇、叶清、曲辉辉、黄晚华、赵俊芳、刘园、徐华军、王文峰、代姝玮、王静、吕硕、徐超、解文娟、杨再洁等参与本研究工作,特此感谢!

杨晓光　陈　阜

2013 年 7 月

# 目　　录

# 第 1 章　绪　论

## 1.1　研究意义

　　气候变化已成为全球公认的环境问题(秦大河,2002)。世界范围的气候异常给许多国家的粮食生产带来了严重影响(秦大河 等,2005;Piao *et al.*,2010)。农业生产尤其是粮食生产对气候变化非常敏感,是受气候变化影响最大的行业之一,气候变化已经或必将对粮食生产带来潜在的或明显的影响。我国不仅是农业大国,也是人口大国,粮食生产直接关系到社会稳定和可持续发展。因此,研究气候变化对粮食生产的影响十分必要。

　　气候资源作为粮食生产最重要的自然资源,广泛而深刻地影响着种植制度、粮食作物生产过程以及最终的作物产量。自 20 世纪 90 年代以来,气候变化对粮食生产能力及粮食安全的影响成为全球科学界关注的热点,尤其气候变化对种植制度的影响是重要内容之一。我国丰富多样的气候资源、适宜的多熟种植制度,成为提高我国气候资源利用效率的前提及高产稳产的重要保障,气候变化对种植制度的影响和适应机制研究是农业应对气候变化的科学基础。

## 1.2　气候变化对种植制度影响研究进展

### 1.2.1　种植制度概述

　　种植制度(cropping system)是指一个地区或生产单位农作物的组成、配置、熟制与种植方式所组成的一套相互联系,并与当地农业资源、生产条件等相适应的技术体系。一个合理的种植制度应该体现当地条件下农作物种植较佳的方案。通过种植制度调整来统筹兼顾各方面的关系:充分合理、均衡地利用国家、地方、农户之间对农产品的需求关系;协调种植业内部各类作物的比例关系,以便达到较好的生产力与经济效益、生态效益、社会效益的综合平衡。种植制度是涉及农业发展的战略性问题,在我国气候、地貌、土壤复杂,作物众多,精耕细作条件下尤其重要(刘巽浩 等,1987)。种植制度是耕作制度的核心,是一个地区或生产单位作物布局与种植方式的总称,其中:作物布局是种植制度的基础,是指一个地区或生产单位作物结构与配置的总称;作物结构又称为种植业结构,包括作物种类、品种、面积比例等;作物配置是指作物在区域或田地上的分布,即解决种什么作物,各种多少面积与种在哪里的问题,它决定作物种植的种类、比例、一个地区或田块内的安排、一年中的种植次数和先后顺序。种植方式是种植制度的体现,包括复种、轮作、连作、间作、套作、混作和单作等。

任何种植制度都是在一定的自然和社会经济条件下形成的,其发展受制于气候、地形、土壤、生产条件、科学技术水平及经济效益等因素的综合影响。而一个地区的农业气候资源特征为当地种植制度的形成提供了气候资源保证,是一个地区种植制度的充分条件。下面我们重点介绍前人在气候变化对农业气候资源、种植制度界限和作物结构的影响,以及种植制度应对气候变化对策方面的研究进展。

## 1.2.2 气候变化对农业气候资源的影响研究进展

农业气候资源是指能被农业生产所利用的气候要素中的物质和能量,是农业自然资源的组成部分,也是农业生产的基本条件(崔读昌,1998)。一个地区光、热、水、气等气候资源的数量及其组合和分配状况,在一定程度上决定着该地区的农业生产潜力、生产类型、种植结构布局等,在全球变化背景下我国农业气候资源时空特征亦发生改变,具体表现为:

(1)气候变化对无霜期的影响

一个地区温度生长期长短、农耕期和无霜期等可以直观反映该地区热量资源的状况。气候变化背景下,近50年来,我国各地区温度生长期长度、农耕期和无霜期等都发生了相应的变化。东北地区温度生长期天数以及稳定通过0 ℃和10 ℃持续天数显著增加,其中黑龙江北部、吉林东部普遍增加了10 d左右,辽宁中部及东部地区增加了5 d左右(刘实 等,2010;李正国 等,2011)。

我国冬麦主产区霜冻日长度呈减少趋势,减少速率为3.4 d·(10a)$^{-1}$(曹倩 等,2013)。山东省农耕期的多年气候倾向率为4.2 d·(10a)$^{-1}$,呈明显增加趋势(王建源 等,2010)。山西省近50年多个气象站点无霜期延长(范晓辉 等,2010);河南省无霜期则总体呈延长趋势,气候倾向率为2.7 d·(10a)$^{-1}$,特别是在20世纪90年代后增加趋势更为明显(李彤霄 等,2012)。

气候变化背景下,西北干旱区生长期和无霜期均呈明显延长趋势,且多年平均值总体呈现南疆为高值区、北疆和祁连山地区为低值区、其他区域呈自南向北减少的分布趋势(孙杨 等,2010)。

长江流域及南方各地区由于气候变暖的趋势相对不明显,且≥10 ℃的温度生长期天数普遍较长,因此对其变化特征的研究较少。廖玉芳等(2012)在分析湖南省农业气候资源时得出:≥0 ℃温度生长期天数的气候倾向率为2.3 d·(10a)$^{-1}$,

相关系数未通过显著性检验,可认为其变化趋势不显著。

(2)气候变化对温度生长期内热量资源的影响

积温是农业气候资源的主要热量指标之一,用来表征植物的生物学特性,在一定温度范围和其他条件满足情况下,农业植物的发育速率与温度呈线性正相关,而且农作物完成其整个生育期需要一定的积温。

气候变化背景下,我国≥0 ℃和≥10 ℃积温值均呈增加趋势,增幅最大的区域有东北、华北和华南地区,增幅最小的区域为西南地区(缪启龙 等,2009)。与1951—1978 年相比,1979—2005 年全国积温增加的气象站点占统计总数的85.7%,其≥10 ℃年积温平均值增加了131.8 ℃·d(柏秦凤 等,2008)。

我国各区域积温的变化与分布情况各不相同(见图 1.1)。东北地区在农耕期、温度生长期内积温总体呈升高趋势,积温高值区向东、向北扩展,黑龙江省的积温增加趋势最明显,农耕期≥0 ℃积温 3 200 ℃·d 以上积温带 1988—2006 年较1961—1987 年向北推移了 1.5 个纬度,向东推移了 1.4 个经度(何永坤 等,2011)。

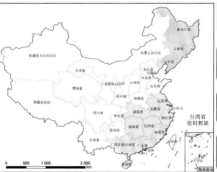

新疆:全区各地≥10 ℃积温变化不一,北疆除三个气象台站外积温均有增加趋势,61%的站点气候倾向率>50 ℃·d·(10a)⁻¹;南疆只有67%的台站积温呈增加趋势[7]。

华北平原:京津冀鲁豫1961—2005年,≥10 ℃积温增加速率为59.5 ℃·d·(10a)⁻¹,84%的气象台站通过显著性检验;≥10 ℃活动积温增加最明显区域主要在华北北部[4]。

黑龙江:1961—2005≥10 ℃积温呈明显增加趋势,1993年出现增暖突变,积温带明显北移和东扩[1]。

甘肃:≥0 ℃和≥10 ℃积温,1987—2003年比1961—1986年分别平均增加161和151 ℃·d,农耕期热量资源显著增加[8]。

辽宁:无霜期内积温空间分布呈由南向北递减,1961—2007年积温呈显著增加趋势,增幅为85 ℃·d·(10a)⁻¹[2]。

云南:气候具有复杂的空间分布格局,≥10 ℃和≥18 ℃的积温有增有减,省内东部多处于降温区,西部多处于升温区[9]。

山东:1961—2008年,农耕期内≥0 ℃和≥10 ℃积温的倾向率分别为46.3和23.1 ℃·d·(10a)⁻¹,都有显著增加趋势[3]。

广西:1961—2010年,所有台站趋势系数均为正值,≥0 ℃和≥10 ℃积温气候倾向率分别为52.6和68.1 ℃·d·(10a)⁻¹,上升趋势十分明显[10]。

湖南:各界限温度的积温均有显著增加,≥0 ℃和≥10 ℃积温的倾向率分别为53.8和60.5 ℃·d·(10a)⁻¹[5]。

福建:1961—2000年,≥10 ℃积温随纬度增加而递减,年代际变化特征为:90年代>60年代>70年代>80年代[6]。

全国:在全球气候变化背景下,我国≥10 ℃和≥0 ℃积温分别有94.2%和95.6%的台站比表现为增加,增幅多在50 ℃·d·(10a)⁻¹;以100°E经度为界,东部地区增幅大,其倾向率增幅为63.2~130.5 ℃·d·(10a)⁻¹,广西、湖南、贵州、重庆、四川和青藏高原地区增幅相对小一些,≥0 ℃积温减少的台站在全国分布较少。此外,积温年代际变化具有阶段性,20世纪80年代以前积温有所波动,20世纪80年代以后伴随着全球变暖加剧,积温普遍明显上升[11]。

图 1.1 我国不同区域热量资源变化特征

本图综合以下文献绘制而成,图中上角序号对应文献如下:[1]季生太 等,2009;[2]明惠青 等,2011;[3]王建源 等,2010;[4]谭方颖 等,2009;[5]廖玉芳 等,2012;[6]陈家金 等,2007;[7]李兰 等,2010;[8]刘德祥 等,2005c;[9]陈宏伟 等,2007;[10]周绍毅 等,2011;[11]缪启龙 等,2009

华北平原 1961—2005 年≥0 ℃积温的增加速率为 59.5 ℃·d·(10a)⁻¹,上升趋势明显;≥10 ℃积温的增加速率为 21.0 ℃·d·(10a)⁻¹,且空间分布表现为增加趋势的区域主要集中在华北北部和山东沿海,而华北西南部呈现一定的减少趋势(谭方颖 等,2009)。

西北干旱区的积温变化特征表现为:温度生长期内≥0 ℃积温的空间分布表现为由北向南逐渐增大的纬向分布特征,且大部分地区积温增加趋势显著,增加幅度最大区域在陕西中南部,1987—2003 年比 1961—1986 年增加了 150～500 ℃·d(刘德祥 等,2005b)。

气候变化背景下,南方地区各省积温变化特征各异,湖南省≥0 ℃和≥10 ℃积温均呈增加趋势,气候倾向率分别为 53.8 和 60.5 ℃·d·(10a)⁻¹(廖玉芳 等,2012)。上海地区 100 多年(1873—2006 年)稳定通过 0 ℃和 10 ℃界限温度的积温呈明显上升趋势,平均每 10 年分别增加 52.6 和 49.6 ℃·d(周伟东 等,2008)。广西地区 1961—2010 年≥0 ℃和≥10 ℃积温的增加速率分别为 52.6 和 68.1 ℃·d·(10a)⁻¹,上升趋势均十分明显,且所有台站的趋势系数也均为正值(周绍毅 等,2011)。

(3)气候变化对温度生长期内日照时数的影响

气候变化背景下,我国的日照时数总体呈现下降趋势,且具有明显的季节性和区域性差异,夏、冬季日照时数减少最明显(赵东 等,2010;虞海燕 等,2011)。气候变化背景下,日照时数减少的原因非常复杂,我国东部地区日照时数减少主要是由于大气污染造成的(施晓晖等,2008),而西部地区日照时数减少的原因则是由于气候的湿润化、低云和水汽增加造成的(赵东 等,2010;陈少勇 等,2010)。

气候变化背景下我国各区域日照时数变化特征如图 1.2,东北地区生长季内日照时数的分布呈"西高东低,南高北低"空间特征,绝大部分区域的生长季日照时数呈下降趋势,尤以松嫩平原东部、吉林省中西部平原、辽河平原西部的日照时数减少最为明显(曾丽红 等,2010;赵秀兰,2010)。

华北地区温度生长期内,日照时数总体呈明显下降趋势,高值区主要分布在河南东北部、河北南部和山东西部,高值区范围不断缩小、低值区范围不断扩大(谭方颖 等,2009)。

受降水增加因素的影响,我国西北大部分地区年日照时数呈减少趋势(黄小燕 等,2011)。

除西南高原地区外,长江以南大部分地区的温度生长期天数都接近于全年。1960—2009 年长江流域日照时数高值区位于长江源头的青藏高原,低值区位于四川盆地;流域内大多数地区年日照时数气候倾向率为负值,下降最快的区域位于长江下游地区,其倾向率为−70 h·(10a)⁻¹(韩世刚 等,2012)。华中地区的湖南省年日照时数在近 50 年(1960—2010 年)中呈显著减少趋势,减少速率为 31.6 h·(10a)⁻¹,其中夏季日照时数呈显著减少趋势,冬、春、秋季日照时数无明显变化(廖玉芳 等,2012)。华南地区年平均日照时数呈自南向北减少的分布特点,高值中心位于广西南宁,低值中心则在广西金秀,大部分地区的年日照时数以−40.9 h·(10a)⁻¹的速率显著减少(伍红雨 等,2011)。

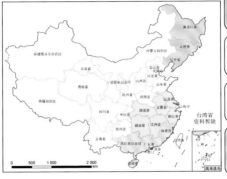

新疆：1961—2000年，各地日照时数和日照百分率大都呈下降趋势，日照平均变化率为-39.95 h·(10a)$^{-1}$[7]。

西北：1960—2009年，西北地区年日照时数平均值为2 718 h，气候倾向率表现为显著减少趋势，平均降幅为13.6 h·(10a)$^{-1}$，并呈现出阶段性变化[6]。

黑龙江：1961—2010年作物生长季内日照时数平均值为1 205 h，其线性变化趋势不明显[1]。

四川：1961—2009年，年日照时数空间分布呈西高东低特征，气候倾向率为-111~40 h·(10a)$^{-1}$，大部分地区呈减少趋势，盆地东北部减少最为明显[8]。

辽宁：1956—2008年，年日照时数呈明显下降趋势，气候倾向率为-57.6 h·(10a)$^{-1}$，夏季日照时数下降趋势最明显[2]。

湖南：1961—2010年，年日照时数呈显著减少趋势，减少速率为31.6 h·(10a)$^{-1}$，四季中夏季日照时数呈显著减少趋势[9]。

河北：1961—2005年，大部分站点四季及年日照时数呈显著下降趋势，年日照时数的气候倾向率为-96.7 h·(10a)$^{-1}$[3]。

河南：1965—2006年，各地年日照时数均呈下降趋势，倾向率为-114 h·(10a)$^{-1}$，四季中夏季降幅最大，倾向率为-53 h·(10a)$^{-1}$[4]。

华南：1961—2008年，年平均日照时数空间分布由南向北减少，多数地区日照时数减少明显，倾向率为40.9 h·(10a)$^{-1}$，并存在22和11的显著振荡周期[10]。

福建：1961—2008年，年日照时数呈显著减少趋势，倾向率为71.7 h·(10a)$^{-1}$，闽南地区降幅最大。四季日照时数均有明显减少趋势，以夏季降幅最大[5]。

全国：我国日照时数总体呈下降趋势，日照时数变化具有明显的季节性和区域性差异。全国平均年日照时数下降速率达到39.7 h·(10a)$^{-1}$，且在20世纪80年代下降最为明显。夏季的日照时数降幅最大，冬季次之。就区域性而言，日照时数高原大于平原，干旱区大于湿润区。日照时数下降主要发生在我国东部及南方大部分地区，其中以华北平原最为明显，降幅超过20%[11]。

图1.2 我国不同区域日照时数变化特征

[1]方丽娟 等，2012；[2]杨东 等，2010；[3]郭艳岭 等，2010；[4]焦建丽 等，2008；[5]彭云峰 等，2011；[6]黄小燕 等，2011；[7]陈志华 等，2005；[8]陈超 等，2011；[9]廖玉芳 等，2012；[10]伍红雨 等，2011；[11]赵东 等，2010

(4)气候变化对温度生长期内降水资源的影响

降水是农业生产和作物生长的关键因素之一，前人对气候变化背景下降水资源变化特征研究较多，而对温度生长期或农耕期内的降水变化研究相对较少，总体而言，我国温度生长期内的降水表现为减少趋势。

气候变化背景下我国不同区域降水资源变化特征如图1.3。东北地区作物生长季内降水量除个别地区外总体呈现减少趋势，每10年减少-8.6 mm。辽宁省的递减趋势最为明显(李秀芬 等，2010)；黑龙江省作物生长季内降水量呈不显著下降趋势，降水量年际间变化较大，中雨以下降水日数减少趋势极显著，农业水资源分配不均匀性增加(方丽娟 等，2012)。

华北地区83.0%台站年降水量呈显著减少趋势，夏季降水量变化的南北差异更明显，北部、中部表现为明显下降趋势的范围扩大(谭方颖 等，2009)。

我国干旱半干旱地区生长季内的降水量，东部呈减少趋势，而西北地区与青藏高原呈增加趋势(李鹏飞 等，2012)。

气候变化背景下，华中地区年降水量有一定增加，但大部分站点增加趋势不显著；其中春、秋季降水量呈减少趋势，夏、冬季降水量呈增加趋势，冬季的降水量变化更显著(孙杰 等，2010)。西南地区由于复杂的地形条件，降水的空间和时间差异都非常大，地形相对均一的四川盆地1961—2007年降水量总体呈下降趋势，但年代际波动较大,季节分配上除冬季外其余各季节降水量均呈减少趋势,秋季减少最明显(陈超 等,2011)。福建省年降水量从东南到西北逐渐增加,年降水量最少地区在东南沿海,且沿海地区的降水年际变化比内陆山区大(陈家金 等,2007)。

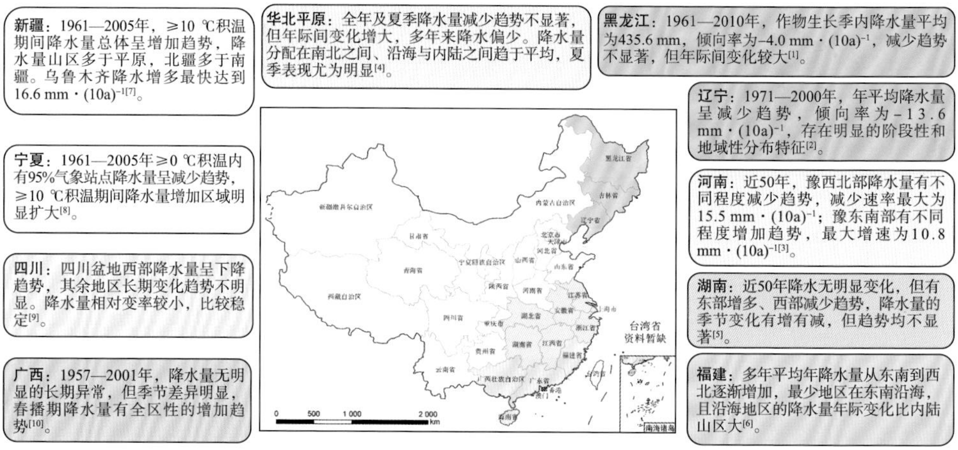

新疆:1961—2005年,≥10 ℃积温期间降水量总体呈增加趋势,降水量山区多于平原,北疆多于南疆。乌鲁木齐降水增多最快达到16.6 mm·(10a)⁻¹[7]。

华北平原:全年及夏季降水量减少趋势不显著,但年际间变化增大,多年来降水偏少。降水量分配在南北之间、沿海与内陆之间趋于平均,夏季表现尤为明显[4]。

黑龙江:1961—2010年,作物生长季内降水量平均为435.6 mm,倾向率为-4.0 mm·(10a)⁻¹,减少趋势不显著,但年际间变化较大[1]。

宁夏:1961—2005年≥0 ℃积温内有95%气象站点降水量呈减少趋势,≥10 ℃积温期间降水量增加区域明显扩大[8]。

辽宁:1971—2000年,年平均降水量呈减少趋势,倾向率为-13.6 mm·(10a)⁻¹,存在明显的阶段性和地域性分布特征[2]。

四川:四川盆地西部降水量呈下降趋势,其余地区长期变化趋势不明显。降水量相对变率较小,比较稳定[9]。

河南:近50年,豫西北部降水量有不同程度减少趋势,减少速率最大为15.5 mm·(10a)⁻¹;豫东南部有不同程度增加趋势,最大增速为10.8 mm·(10a)⁻¹[3]。

湖南:近50年降水无明显变化,但有东部增多、西部减少趋势,降水量的季节变化有增有减,但趋势均不显著[5]。

广西:1957—2001年,降水量无明显的长期异常,但季节差异明显,春播期降水量有全区性的增加趋势[10]。

福建:多年平均年降水量从东南到西北逐渐增加,最少地区在东南沿海,且沿海地区的降水年际变化比内陆山区大[6]。

图 1.3 　我国不同区域降水资源变化特征

[1]方丽娟 等,2012;[2]纪瑞鹏 等,2007;[3]顾万龙 等,2010;[4]谭方颖 等,2009;[5]廖玉芳 等,2012;[6]陈家金 等,2007;[7]李兰 等,2010;[8]张智 等,2008a;[9]邵远坤 等,2005;[10]黄嘉宏 等,2006

前人在我国农业气候资源研究方面做了大量工作,研究范围涉及全国及不同区域农业气候资源的分布、农业气候资源利用和评价,以及年、四季、不同温度范围内气候资源的变化特征等;而基于同一时间尺度,进行全国尺度和各区域的喜温作物和喜凉作物生长季内光、温、水变化特征分析的研究还未见报道。本书第 3 章从全国和各区域尺度,比较分析全球气候变化背景下 1961—1980 年和 1981—2007 年我国喜凉作物生长季和喜温作物生长季内积温、降水量、日照时数变化趋势,为我国合理利用农业气候资源提供基础。

## 1.2.3　气候变化对多熟种植制度界限影响研究进展

过去 60 年,气候变化引起农业热量资源发生了明显的变化,≥0 ℃和≥10 ℃的活动积温及其持续日数增加,引起作物潜在生长季延长,导致熟制的可种植界限发生相应的改变。

20 世纪 80 年代沈学年等(1983)、刘巽浩等(1987)完成了我国种植制度气候区划,20 世纪 90 年代人们对气候变化的认识逐渐深入,许多学者对气候变化背景下种植制度的变化进行了研究。

(1)历史气候背景下多熟种植制度演变

20 世纪 70 年代较 60 年代三熟制区域有相对北推趋势,其后 20 年三熟制界限基本维持原状,80 年代甚至还有一定的南退。2000 年之后作物熟制变化明显,较 20 世纪 90 年代显著北移(李祎君 等,2010)。气候变暖以及农业生产技术的发展,为甘肃、宁夏、山西、新疆等地发展麦玉、麦棉、麦豆等一年两熟、二年三熟等多熟制提供了可能。气候变暖后我国西北地区复种指数也明显提高,复种面积扩大了 4~5 倍,多熟制向北、向高海拔地区推移(刘德祥 等,2005a,2005b;张强 等,2008)。青藏高原一年两熟或二年三熟的农区范围西伸可达 4°(赵昕奕 等,2002);西藏自治区≥10 ℃热量强度增加,使热量资源原本优越且在一季喜凉作物收割后复种豌豆、油菜的地区,可发展成一年两熟喜凉作物或一年一熟喜温作物,而热量条件仅能满足一季喜凉作物生长的地区,可利用作物收割后剩余的热量复种饲草(杜军,1997)。

气候变化对南方各省的熟制变化也有明显的影响。1981—1996 年福建省南部各熟制种植高度较 1951—1980 年平均升高 30 m(陈惠 等,1999);1961—2004 年 44 年来湖南省年平均气温上升了 0.42 ℃,各熟制作物的种植高度上移 80 m(陆魁东 等,2007)。气候变暖使云南省一熟制地区的面积减少,两熟制地区北移,三熟制比例提高(龙红 等,2010),其中,云南省内南亚热带的一年两熟制向一年三熟制转换,中亚热带的二年五熟向一年三熟转换(师玉娥,2001)。气候变暖将使广西高海拔山区由目前的两熟制逐步被不同组合的三熟制所取代(黄梅丽 等,2008),变化特征如图 1.4。

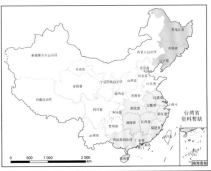

西北地区:1987—2003 年较 1961—1986 年喜凉、喜温作物生长期热量资源增加,作物品种由早熟向中晚熟发展[1],种植高度提高 200~300 m[2]。

河西走廊:张掖玉米中晚熟品种的种植海拔高度上限上移,且种植面积不断扩大。20 世纪 80 年代不能复种的海拔 1 700~1 800 m 的地区,90 年代以来带状种植、间套作面积逐年扩大[7]。

青藏高原:过去 40 年可一年两熟或两年三熟的农区向西延伸 0.5°~4°[3]。

安徽:年平均气温每升高 1 ℃,种植制度界线北移 2.4°N,东移 2.8~4.9°E,向高处移 236 m,即复种指数提高 7.2%[8]。

西藏:≥10 ℃热量增加,使热量原本优越的地区,可发展一年两熟喜凉作物或一年一熟喜温作物;原来热量能满足一季喜凉作物地区,可收割后复种饲草[4]。

湖南:近 44 年年平均气温上升 0.42 ℃,各熟制作物种植高度上移 80 m[9-10]。

云南:气候变暖使高海拔和高纬度地区热量资源改善,一熟制地区的面积减少,二熟制地区北移,而三熟制比例增加[5]。云南的北部一年一熟制向一年二熟制发展,南亚热带一年两熟向一年三熟转换;中亚热带两年五熟向一年三熟发展;北温带、南温带一年两熟种植增加[6]。

福建:1981—1996 年,气候变化使南部各熟制种植高度较 1951—1980 年平均升高 30 m;北部各熟制种植高度则降低 40 m[11]。

广西:气候变暖将使广西高海拔山区由目前的两熟制逐步被不同组合的三熟制所取代[12]。

全国:20 世纪 70 年代较 60 年代三熟制区域有相对北推变化,其后 20 年二熟制界限基本维持原状,80 年代甚至还有一定的南退。2000 年之后作物熟制变化明显,较 20 世纪 90 年代显著北移[13]。近 50 年我国不同熟制粮食播种面积占全国粮食播种面积的比例也反映了这一变化特征[14]。气候变暖引起热量资源增加,以及农业生产技术的发展,为冬麦北界北移以及甘肃[15]、宁夏[16]、山西[17]、新疆[18]等地发展麦玉、麦棉和麦豆等一年两熟、两年三熟等多熟制提供了可能。适宜发展三熟制的区域 20 世纪 70 年代较 60 年代有所扩大,到 1980 年之后河南省的南部和安徽省大部地区热量资源均能满足三熟制的要求,理论上可以大力发展三熟制。

图 1.4 过去 60 年我国主要熟制的变化

[1]刘德祥 等,2005a;[2]张强 等,2008;[3]赵昕奕 等,2002;[4]杜军,1997;[5]龙红 等,2010;[6]师玉娥,2001;[7]殷雪莲 等,2008;[8]王效瑞 等,1999;[9]陆魁东 等,2007;[10]廖玉芳 等,2010;[11]陈惠 等,1999;[12]黄梅丽 等,2008;[13]李祎君 等,2010;[14]郑冰婵,2012;[15]邓振镛 等,2008;[16]亢艳莉,2007;[17]刘文平 等,2009;[18]曹占洲 等,2013

（2）未来气候情景下熟制的可能变化

前人通过基于气候模式设置温度升高、$CO_2$ 浓度倍增情景，预测未来气候情景下我国熟制发展趋势。

据李淑华（1992）等的研究，在 $CO_2$ 浓度倍增情景下，我国的一年一熟制区域可向北推移 200～300 km。张厚瑄（2000）研究表明，$CO_2$ 浓度倍增情景下，作物品种和生产力水平不变，我国一年两熟和一年三熟适宜种植北界北移，种植面积扩大，2050 年我国温度可能上升 1.4 ℃，降水可能增加 4.2%，一年一熟种植面积将下降 23.1%，一年两熟种植面积由 24.2% 变为 24.9%，一年三熟种植面积由当前的 13.5% 提高到 35.9%。王馥棠等（2002）则根据活动积温与种植熟制之间的关系建立的模型，预测到 2050 年，除我国西南青藏高原和东北北部地区外，几乎其他所有地区现有种植制度均将发生较大的变化，尤其是东部农业区变化明显，气候变暖将使目前的一年两熟区向北移至目前一熟区的中部，而一年三熟区将明显地向北、向西扩展，不仅以不同三熟组合方式取代目前大部分两熟制地区，其北界还将会从目前的长江流域移至黄河流域，约移动 500 km，三熟区面积将扩大约 22.4%。多熟制的这种变移，将使一熟区的面积缩小约 23.1%。

王修兰（1996）研究结果显示，若年平均气温增加 1 ℃，一年两熟制的北界，东北地区从大连北移至营口北、朝阳；华北地区从北京移至承德；西北地区东部（黄土高原）从西安移至银川。三熟制的北界从长江中下游的上海、武汉移至合肥、宜昌北，华南三熟制（冬季可种喜温作物甘薯、大豆等）移动的距离较小。年平均气温增加 2 ℃，两熟制北界东北地区移至丹东、沈阳，华北、西北地区移至太原北、河曲、银川北；三熟制北界移至山东和河南南部、汉中、四川盆地北部、云南大理；热三熟制北界将移至温州、南昌、长沙。年平均气温增加 3 ℃，两熟制北界移至辽宁北部，三熟制北界移至山东、河南中部；杭州、武汉、宜昌和四川盆地可种热三熟。年平均气温增加 4 ℃，两熟制北界达到四平、包头、银川北；三熟制北界移至济南北、运城、铜川、天水；热三熟制移至蚌埠、信阳、贵阳、玉溪、四川盆地等地。

综上所述，前人的研究多采用不同气候模式模拟未来热量资源的变化及其对不同熟制种植界限的影响；而对当前实际热量变化引起的熟制界限变化的研究较少，另外，由于气候模式对气候变化情景的模拟预测还存在着诸多不确定性。为此，未来研究气候变化对我国种植制度影响，要充分考虑影响农业生产的土壤因素、水分因素，以及社会、经济、科技发展水平等。

## 1.2.4　气候变化对作物结构的影响研究进展

在全球气候变化背景下，气温升高，春季作物播种期提前，秋季收获期延后，生长季内积温增加，为喜凉作物、喜温作物种植区域北移及生育期较长、产量较高品种种植区域的扩大提供了有利的条件,作物种植结构发生明显变化,其中播种面积及作物品种更替普遍受到人们关注。

全球气候变暖,我国小麦、玉米和水稻三大粮食作物种植结构发生较大改变,总体趋势表现为喜凉作物播种面积减少,喜温作物播种面积增加。北方地区水稻的种植比例增加明显,尤其是黑龙江省水稻面积增加最多,而东南和华南地区水稻种植比例减少。小麦播种面积,黑龙江、内蒙古和新疆地区小麦种植比例减少幅度大于 10%,西藏、贵州、河南地区小麦的种植比例有所增加。与小麦和水稻相比,玉米在全国大部分地区的种植比例呈现增加趋势(孙智辉 等,2010)。

全球气候变化同时也带来了作物种植界限变化,总体趋势表现为向高纬度、高海拔地区扩展(邓振镛 等,2010)。气候变暖以冬季最低气温升高最明显,冬小麦种植北界北移趋势明显。玉米在我国种植范围广阔,主要集中在东北—华北—西南狭长的玉米带上,当 ≥10 ℃ 积温大于 2 000 ℃·d 时才能正常生长成熟(于沪宁等,1985),霜冻及低温冷害是限制玉米种植北界的主要因素,气候变暖使玉米种植区向北移动,全国范围内可种植区域明显扩大,尤其是黑龙江省变化最为明显。我国除青藏高原、兴安岭高山区和阿尔泰山高山区由于热量条件无法满足而不适宜种植水稻外,其余大部分地区均有水稻种植(国家气象局展览办公室,1986),随着气候变暖水稻适宜种植区域扩大。

根据前人已有的研究成果,依据现有文献,我们汇总了过去 60 年全国冬小麦、玉米和水稻种植布局的变化趋势,如图 1.5、图 1.6 和图 1.7。

由于气温升高,可利用热量资源增加,作物品种更替向生育期延长、抗冻性弱和耐高温的品种发展(云雅如 等,2007;邓振镛 等,2010)。气候变暖已导致我国华北地区一直以来广泛种植的强冬性冬小麦品种,因冬季无法经历足够的寒冷期以满足春化作用对低温的要求,被弱冬性甚至弱春性小麦品种所取代(李茂松 等,2005);东北地区玉米的早熟品种逐渐被中、晚熟品种取代(孙智辉 等,2010)。气候变化背景下,南方极端高温频率增加,相对耐高温的水稻品种在南方逐渐占主导地位(孙智辉 等,2010)。

除三大粮食作物(小麦、玉米、水稻)以外,热带经济作物种植布局的变化也是人们关注的重点。首先,茶树性喜温暖湿润,主要分布在热带和亚热带地区,气候变暖以后,山东省日照的岚山、莒县、大坡,临沂的莒南,青岛的胶南,泰安的小津口、新泰,以及潍坊等地均成为茶叶的重要产区(孙仲序 等,2003)。柑橘是典型的亚热带果树,限制其向北分布的主要原因是冬季的最低气温(满志敏,1999),以前柑橘北界在太湖—大别山—黄山南麓—鄂西北低山河谷一线,但随着气候变暖,现在陕西省固县已成为我国无公害柑橘生产基地。

宁夏：20世纪90年代较60年代已向北扩展了约120 km，北移至平罗一带，海拔高度上升600～800 m[8]；21世纪初引黄灌区冬小麦北移种植成功，种植北界由35°N，北移到约39°N，北移近4°[9]；2001—2005年全区均适宜冬小麦的种植[8]。

辽宁：20世纪90年代移至本溪—抚顺—法库—彰武—卓新—北票—朝阳一线，较我国过去所确定的冬小麦种植北界（长城沿线）北移1～2个纬度[1]；到2050年，较长城沿线北移约3个纬度[2]。

西北地区：20世纪90年代比60年代向北扩展100 km，海拔高度的上界可上升100～400 m[6]。

河北：20世纪90年代延伸到了41°N以北，和50年代相比向北推移了30～50 km[3]。

甘肃：20世纪90年代比60年代向西北扩展100～200 km，适宜种植区的海拔高度比过去也升高了300～400 m[7]。

山西：21世纪初较20世纪60年代北扩大约10～20 km[4]。

陕西：因地膜覆盖技术，在1988年宜川、富县、志丹等在内的10个区县的冬小麦种植次适宜区，发展成为了适宜区，而北界也相应北移到了吴旗—佳县—米脂一带[1]。

内蒙古：20世纪末，赤峰市由敖汉旗的宝国吐—新惠镇—元宝山—松山区一线以南地区向北推移2个纬度[5]。

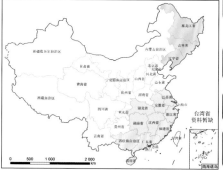

全国：20世纪50年代，辽宁的复县（现瓦房店市）、新金（现普兰店市），华北长城沿线开始种植冬小麦，长城以北和黄土高原北部、新疆北部开始试种，并取得小面积成功；60年代，新疆北部形成稳定的冬小麦产区，东北三省、内蒙古自治区以及河北省北部地区，除南部边缘地区为冬春麦交错地带外，冬小麦不能在这些地区种植[10]；70年代前期张家口、承德和沈阳等地有冬小麦的种植；70年代后期和80年代，此后连续遭受严重冻害，但辽宁省南部和西部、河北省南部以及承德、张家口地区仍有部分冬小麦种植，种植北界仍比50年代向北推进了100 km以上，黄土高原北部和河西走廊也保留了较大的冬麦面积[11]；90年代初，我国冬小麦北界定在朝阳、锦州、营口、岫岩一线，西北地区冬小麦适宜区20世纪90年代比60年代向北扩展了50～100 km[12]；2000年之后，大部分地区冬麦北移主要停留在试验研究的基础上，大面积的推广应用较少[13]。

图1.5　过去60年我国冬小麦种植布局变化

[1]云雅如 等,2007；[2]金之庆 等,2002；[3]李元华 等,2005；[4]刘文平 等,2009；[5]李俊友 等,1998；[6]刘德祥 等,2005a；[7]刘德祥 等,2005b；[8]张智 等,2008b；[9]李生贵 等,2002；[10]李祎君 等,2010；[11]金善宝,1961；[12]邹立坤 等,2001；[13]金善宝,1996

石羊河流域：1990—2009年较1970—1989年，玉米播种面积增加了83.9%，种植上限海拔高度平均提高近200 m；2009年玉米的种植面积首次超过小麦，成为当地的主要粮食作物[6]。

东北三省：不同熟性春玉米种植北界逐渐北移东扩，春玉米不可种植区逐渐缩小，晚熟品种种植区逐渐扩大[1]。

甘肃：适宜种植区高度提升150 m左右，种植上限高度达1 900 m[6]；河西灌区玉米面积迅速扩大，达到以前的2.5倍，旱作区玉米面积扩大50%～1倍[7,8]。

黑龙江：20世纪80年代以后，玉米的分布从最初的平原地区逐渐向北扩展到了大兴安岭和伊春地区，向北推移了大约4个纬度[2-3]。

陕西：延安、关中西部、商洛西部种植面积明显扩大[9]。

吉林：中西部地区由中晚熟区变为晚熟区[1]；1950—2000年，玉米种植重心向东移动18.34 km，向南移动0.33 km[4]。

宁夏：较20世纪80年代，南部山区可种植玉米；引黄灌区及彭阳东南部玉米高产区域明显扩大[10]。

华北：夏玉米灌浆期增加5 d左右，生长期延长，品种由原来的早熟改为以中早熟和中熟为主[5]。

西藏：20世纪90年代较70年代及以前，种植高度上升了600 m以上[11]。

内蒙古：较1995年前，北界扩展了100～150 km；2002—2006年与20世纪80年代相比面积扩大了1.9倍左右[5]。

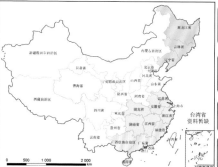

全国：种植北界在20世纪60年代大致位于庄河—锦州—兴隆—蔚县—忻县—蒲城—天水—丹曲—松潘一线以北和河西走廊、新疆北部一带，随着温度的升高这一界限已发生了显著的推移[1]，适宜种植区向北扩展，向海拔较高地区推移，向偏中晚熟高产品种发展[6]，全国大部分地区的玉米种植比例呈现增加的趋势[12]。

图1.6　过去60年我国玉米种植布局变化

[1]王培娟 等,2011；[2]张丽娟 等,1998；[3]云雅如 等,2005；[4]王宗明 等,2006；[5]邓振镛 等,2010；[6]李万希 等,2012；[7]邓振镛 等,2007；[8]邓振镛 等,2008；[9]屈振江 等,2010；[10]刘玉兰 等,2008；[11]禹代林 等,1999；[12]孙智辉 等,2010

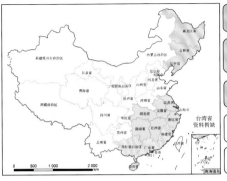

图 1.7　过去 60 年我国水稻种植布局变化

[1]房世波 等,2011;[2]云雅如 等,2007;[3]朱晓禧 等,2008;[4]纪瑞鹏 等, 2009;[5]侯琼 等,2009;[6]邓振镛 等,2010;[7]矫江,2002;[8]云雅如 等,2007; [9]孙智辉 等,2010

　　从全球范围看,随着冬季温度升高,冬麦北移已成为国际上许多国家提高粮食总产、改善小麦品质的研究热点。美国、加拿大、苏联、日本等通过培育强冬性品种也将冬小麦种植北界向北推移。如美国冬小麦种植带,1926 年较 1839 年向西推移 1 800 km,向北推移 880 km 以上(Olmsteada, et al.,2011),20 世纪 70 年代后,美国利用抗冻性遗传力强的选系,把冬小麦种植边界北移 200 km(赵玉田 等,1987)。加拿大已把冬小麦种植北界移至51°N,日本的北海道地区也已种植冬小麦,在俄罗斯的西伯利亚也有冬小麦试种的报道(邹立坤 等,2001)。

　　我国幅员辽阔,种植模式类型丰富,种植作物种类繁多,气候变化背景下各种作物种植界限和种植高度也发生了相应的改变。而种植制度界限和作物布局尤其是 20 世纪 80 年代中期以来气候变暖背景下,发生怎样的变化,这方面的系统定量研究仍少见报道。

## 1.2.5　种植制度应对气候变化策略研究进展

　　在全球气候变化背景下,农业的脆弱性最大,反应最为敏感,适应气候变化的要求最高,压力也最大(秦大河,2004)。气候变化波动及极端气候事件的变化,也会对我国农业生产的稳定性产生较大的影响(熊伟 等,2005)。因此,作为农业大国,探索一条可持续发展道路,促进农业生产和保障粮食安全是我国应对气候变化的首要任务(郑国光,2009)。

　　气候变化对我国农业的影响相当复杂,既存在着有利的一面,也存在着不利的一面(肖风劲 等,2006),但总体上负面影响要多于正面影响(郭明顺 等,2008)。应对气候变化包括减缓和适应两个方面:减缓气候变化主要包括减少农业温室气体排放,推广节能技术和设备,提高土壤固碳能力,改善生态和环境(孙智辉 等,2010);适应气候变化应当包括农民和农村社区在面临气候条件的变化时对其生产实践的自觉调整,以及政府有关决策机构应促进农业结构的调整,以尽量减少损失和尽量实现潜在的效益(蔡运龙 等,1996)。

通过调整种植制度和种植结构适应气候变化是目前农业适应气候变化采取的主要措施之一。针对气候变化对农业的可能影响,分析未来光、温、水资源重新分配和农业气象灾害的新格局,开展农业气候资源的调查和利用途径研究,加快更新农业气候区划,根据气候变化情景科学合理地调整种植制度与作物品种布局,选用抗旱、抗涝、抗高温等抗逆性品种等,都能够使农业生产更加有效地利用其有利的方面,减少其不利影响,是我国农业应对气候变化,保障国家粮食安全的有效途径(李虹,1998;郑国光,2009)。

多熟制在我国农业增产中一直发挥着重要作用(肖风劲 等,2006)。在全球变暖的大背景下,根据各区实际的气候资源变化情况,因地制宜地规划新的种植制度,有规划地将冬季越冬作物北移,适当采用多熟制,调整水稻、小麦等作物的种植结构和分布,是农业应对气候变化关键的战略性措施之一(王丹 等,2009)。气候变化使热量资源增加,有利于多熟制和作物品种种植界限的北扩;各地的复种指数将有所提高;稻—麦两熟、麦—棉两熟、稻—油两熟、麦(油)—稻—稻三熟、麦—玉米—稻三熟等主要多熟制的面积将有所扩大,可种植品种的生育期将有所延长,部分地区可选用生育期较长、产量潜力较高的中、晚熟品种替代生育期较短、产量潜力较低的早、中熟品种,有助于产量的提高(周曙东 等,2009)。但是,在气候变化导致一些作物种植区域扩大,种植北界北移的过程中,有可能导致农作物的冷害、冻害的风险性增大,因此要有充分的灾害风险意识,做好农作物布局和北移界限的界定,防御灾害发生。此外,气候变暖使极端天气气候事件发生的概率也在不断增加,如持续高温干旱等天气使得农业生产受害的可能性变大,因此适应气候变化的应对措施一定不能冒进,以避免不当的调整造成的灾害发生。

此外,随着气候变化,一些地区原有的一些作物品种已不能适应气候变暖的环境,可通过选育新品种、调整种植布局,以缓解气候变化带来的不利影响。在选育新品种时,既要注意筛选抗逆性强的品种,如耐干旱、耐高温、抗病虫的新品种,同时也需注意选育高光合效能和低呼吸消耗品种,在生育期缩短情况下也能取得高产优质。

我国地域辽阔,环境复杂多样,各地气候条件和未来可能的气候变化差异巨大,前人根据各区域气候资源、水资源及当地小气候特征,通过调整农业种植结构以及品种结构,有针对性地开展了应对气候变化行动(科学技术部社会发展科技司等,2011)。

(1)东北地区

东北地区是我国纬度最高,也是受气候变化影响最显著的地区之一,冷期较长,种植制度为一年一熟(陈阜 等,2010)。该区域土地肥沃,作物生长季节的水、光、热资源匹配较好,适宜作物生长,是我国重要的商品粮基地。一方面,气候变暖使东北地区温度增高,积温增加,物候期提前,作物生长季延长,生育期较长的中晚熟品种种植范围适当扩大。例如,东北地区气候变暖、热量增加有利于水稻的种植,一定程度上减少了低温冷害的威胁,延长了水稻生长期,有利于水稻增产。另一方面,降水量的减少和降水变率的增大,增加了东北地区干旱和洪涝灾害的发生频率,应选育防旱抗灾、稳产增产的作物品种,根据灾害发生的新格局,改进作物布局(谢立勇 等,2009)。

(2)华北地区

华北地区粮食作物以冬小麦、夏玉米为主,一年两熟,兼有水稻、豆类和薯类等,经济作物以棉花为主,是我国重要的粮棉生产基地之一。华北地区光、热资源丰富,水资源不足是该地区农业持续发展的最主要的限制因素。全球气候变化背景下,华北地区主要表现为暖干化趋势(王长燕 等,2006)。华北地区小麦品种向弱冬性演化,以前推广的冬小麦品种大多属于强冬性,因冬季无法经历足够的寒冷期以满足春化作用对低温的要求,已被弱冬性冬小麦品种所取代。适宜栽培的品种向弱冬性方向演化是应对气候变暖的适应性行为,有助于小麦总产的稳定和提高(张宇 等,2000)。在未来气候变暖的条件下,多熟种植和复种指数进一步提高,应扩大小麦—玉米、小麦—棉花两熟制的种植面积,冬小麦可选用冬性略有下降但丰产性状更好的品种,玉米选用生育期更长的品种,并调整作物播期以充分利用光、热资源。压缩耗水较多的水稻和小麦种植面积,严重干旱缺水的黑龙港地区可适当增加相对耐旱的谷子和棉花的种植面积。在充分利用热量资源,作物种植带北扩的同时,要注意低温冷害的发生(科学技术部社会发展科技司 等,2011)。

(3)西北地区

西北地区地处内陆,海拔较高,热量和光照资源相对丰富,降水资源缺乏,分为绿洲灌区和旱作农区,种植制度为一年一熟,多以间套作方式提高复种指数。冬季气温的升高和负积温的减少,不但对冬小麦安全越冬有利,而且为冬小麦种植区北界北移提供了有利的气候条件。喜温作物生长季热量资源亦显著增加,气候变暖使作物生长季延长。作物品种由早熟向中晚熟发展;多熟制种植界限向北推移,复种指数提高。过去玉米只在热量资源比较丰富的很小区域种植,现在除了个别高寒山区外,海拔 2 200 m 以下地区几乎都在种植并取得成功;过去糜子和谷子往往难以成熟,气候变暖使糜子和谷子可以成熟,且面积逐年扩大。此外,该区域复种、间作套种等种植方式广泛应用,多熟制地区扩大(刘德祥 等,2005a,2005b;张强等,2010)。

(4)西南地区

西南地区是世界上地形最复杂的区域之一,该区跨越 13 个纬度,生态系统丰富,地势特征为北高南低、西高东低。该区热量丰富,冬暖突出。雨热同季的特点对水稻和玉米等作物的生长极为有利,但光能资源较少,且时空分布差异大。太阳总辐射量以四川盆地、贵州高原最少,川西及云南高原最多。西南地区种植制度为一年一熟和一年两熟制(陈阜 等,2010)。根据区域气候变化特征,调整农业结构和布局,引进和培育耐高温、耐旱的水稻新品种,调整作物布局,改革耕作制度,以适应气候资源、气象灾害的变化,尽可能利用气候变暖带来的有利影响(高阳华等,2008)。

(5)长江中下游地区

长江中下游地区光、热、水资源丰富,地势较为平坦,土地肥沃,农业基础设施好,增产潜力大,具有优越的自然资源和较好的生产条件,种植制度多为一年三熟(刘巽浩 等,1987;陈阜 等,2010)。气候变化背景下,长江中下游地区的水旱极端气候事件和高温热害的变化趋势趋于增强。该地区要充分利用农业气候资源,调整种植结构,优化种植模式和作物品种布局,培育和选用抗旱、抗涝、抗高温等抗逆品种,采用防灾抗灾、稳产增产的技术措施以应对气候变化。趋利避害,充分挖掘气候资源潜力,提高农业经济效益(周曙东 等,2009;科学技术部社会发展科技司等,2011)。

(6)华南地区

华南地区地处热带亚热带,是我国光、热和水资源最为丰富的地区之一,年平均气温高,降水充沛,独特的气候资源有利于水稻的生长,水稻区位优势非常明显。华南地区的种植制度为冬闲加双季稻和冬季作物加双季稻一年三熟制(刘巽浩等,1987;陈阜 等,2010)。气候变化背景下,热带加速北扩。因此,应充分利用这一优势,加大农业气候资源的开发力度,引进和培育耐高温、耐涝的水稻新品种,发展热带特色农业和冬季农业(科学技术部社会发展科技司等,2011)。

# 1.3　小结

结合全球变化背景下我国气候变化的事实,针对前人已有的研究结果,在气候变化对我国种植制度影响领域,作者重点关注的科学问题是:在全球气候变化背景下,我国的农业气候资源发生怎样的改变?尤其是全国不同区域作物生长季内的光、热、水等农业气候资源演变趋势和空间分布特征如何?与刘巽浩和韩湘玲两位先生 1987 年种植制度区划成果相比,全球气候变化背景下,1981 年以来农业气候资源变化对我国种植制度界限和作物种植界限北界带来怎样的影响? 种植制度界限的改变对粮食作物产量的可能影响是什么? 种植制度界限敏感地带农业气象灾害风险将发生怎样的变化? 如何通过种植模式调整适应气候变化?

围绕以上科学问题,作者长期以来主要从气候变化对种植制度和区域作物生产体系两个层次开展了气候变化对种植制度影响研究,主要研究成果汇总在本书的第 3 章到第 7 章。

# 参 考 文 献

柏秦凤,霍治国,李世奎,等.2008.1978 年前后中国≥10 ℃年积温对比.应用生态学报,**19**(8): 1 810-1 816.

蔡运龙,Smit B.1996.全球气候变化下中国农业的脆弱性与适应对策.地理学报,**51**(3): 202-302.

曹倩,姚凤梅,林而达,等.2013.近 50 年冬小麦主产区农业气候资源变化特征分析.中国农业气象,**32**(2):161-166.

曹占洲,毛炜峰,陈颖,等.2013.近 50 年气候变化对新疆农业的影响.农业网络信息,(6): 123-126.

陈超,庞艳梅,潘学标,等.2011.气候变化背景下四川省气候资源变化趋势分析.资源科学,**33** (7):1 310-1 316.

陈惠,林添忠,蔡文华.1999.气候变化对福建粮食种植制度的影响.福建农业科技,(1):6-7.

陈阜,任天志.2010.中国农作制发展优先序研究.北京:中国农业出版社:75,125-133.

陈宏伟,郭立群,刘勇,等.2007.云南热区≥10 ℃和≥18 ℃年积温及日数的分布规律研究.高原气象,**26**(2):396-401.

陈家金,陈惠,马治国,等.2007.福建农业气候资源时空分布特征及其对农业生产的影响.中国农业气象,**28**(1):1-4.

陈少勇,张康林,邢晓宾,等.2010.中国西北地区近 47 a 日照时数的气候变化特征.自然资源学报,**25**(7):1 142-1 152.

陈志华,石广玉,车慧正.2005.近 40 a 来新疆地区太阳辐射状况研究.干旱区地理,**28**(6): 734-739.

崔读昌.1998.中国农业气候学.杭州:浙江科学技术出版社:632-635.

邓振镛,张强,刘德祥,等.2007.气候变暖对甘肃种植业结构和农作物生长的影响.中国沙漠, (4):627-632.

邓振镛,张强,蒲金涌,等.2008.气候变暖对中国西北地区农作物种植的影响(英文).生态学报, (8):3 760-3 768.

邓振镛,王强,张强,等.2010.中国北方气候暖干化对粮食作物的影响及应对措施.生态学报,**30** (22):6 278-6 288.

杜军.1997.近 30 年气候变化对西藏农业生产影响的研究.中国生态农业学报,**5**(4):40-44.

范晓辉,王麒翔,王孟本.2010.山西省近 50 年无霜期变化特征研究.生态环境学报,**19**(10): 2 393-2 397.

方丽娟,陈莉,覃雪,等.2012.近 50 年黑龙江省作物生长季农业气候资源的变化分析.中国农业 气象,**33**(3):340-347.

房世波,韩国军,张新时,等.2011.气候变化对农业生产的影响及其适应.气象科技进展,(2): 15-19.

高阳华,居辉,Verhagen J,等.2008.气候变化对重庆农业的影响及对策研究.高原山地气象研 究,**28**(4):46-49.

顾万龙,王记芳,竹磊磊.2010.1956—2007 年河南省降水和水资源变化及评估.气候变化研究进 展,**6**(4):277-283.

郭明顺,谢立勇,曹敏建,等.2008.气候变化对农业生产和农村发展的影响与对策.农业经济, (10):8-10.

郭艳岭,邱新法,张素云.2010.1965—2005 年河北日照时数时空分布特征及影响因子.干旱气 象,**28**(3):297-303.

国家气象局展览办公室.1986.中国农业及气候资源区划.北京:测绘出版社.

韩世刚,唐琳.2012.长江流域日照变化趋势分析.安徽农业科学,**40**(23):11 769-11 771.

何永坤,郭建平.2011.1961—2006 年东北地区农业气候资源变化特征.自然资源学报,**26**(7): 1 199-1 208.

侯琼,郭瑞清,杨丽桃.2009.内蒙古气候变化及其对主要农作物的影响.中国农业气象,**30**(4): 560-564.

黄嘉宏,李江南,李自安,等.2006.近 45 a 广西降水和气温的气候特征.热带地理,**26**(1):23-28.

黄梅丽,林振敏,丘平珠,等.2008.广西气候变暖及其对农业的影响.山地农业生物学报,**27**(3): 200-206.

黄小燕,张明军,王圣杰,等.2011.西北地区近 50 年日照时数和风速变化特征.自然资源学报, **26**(5):825-835.

纪瑞鹏,陈鹏狮,冯锐,等.2009.辽宁省农作物及自然物候对气候变暖的响应.安徽农业科学, (30):14 764-14 766,14 801.

纪瑞鹏,张玉书,冯锐,等.2007.辽宁省农业气候资源变化特征分析.资源科学,**29**(2):274-282.

季生太,杨明,纪仰慧,等.2009.黑龙江省近 45 年积温变化及积温带的演变趋势.中国农业气 象,**30**(2):133-137.

焦建丽,康雯瑛,王军,等.2008.河南省日照时数时空变化分析.气象与环境科学,**31**(增):4-6.

矫江.2002.黑龙江省水稻生产发展问题.垦殖与稻作,(2):3-6.

金善宝.1961.中国小麦栽培学.北京:农业出版社.

金善宝.1996.中国小麦学.北京:中国农业出版社.

金之庆,葛道阔,石春林,等.2002.东北平原适应全球气候变化的若干粮食生产对策的模拟研 究.作物学报,(1):24-31.

亢艳莉.2007.气候变化对宁夏农业的影响.农业网络信息,(6):125-126.

科学技术部社会发展科技司,中国 21 世纪议程管理中心.2011.适应气候变化国家战略研究.北京:科学出版社.

李虹.1998.浅析气候变暖对我国农业的影响及对策.农业经济,(12):13-14.

李俊友,杨军.1998.赤峰市冬麦北移地区冬季低温强度及其稳定性的计算与分析.中国农业气象,19(6):10-11.

李兰,杜军,宋玉玲,等.2010.近 45 年来新疆≥10 ℃期间积温和降水量的变化特征.中国农业气象,31(增 1):35-39.

李茂松,王道龙,钟秀丽,等.2005.冬小麦霜冻害研究现状与展望.自然灾害学报,14(4):72-78.

李鹏飞,孙小明,赵昕奕.2012.近 50 年中国干旱半干旱地区降水量与潜在蒸散量分析.干旱区资源与环境,26(7):57-63.

李淑华.1992.气候变暖对我国农作物病虫害发生、流行的可能影响及发生趋势展望.中国农业气象,13(2):46-49.

李生贵,刘宝,黄玉琴.2002.宁夏引黄灌区冬小麦北移取得阶段性成果.中国农技推广,(3):6.

李彤霄,刘荣花,王君,等.2012.河南省近 50 年气候变化分析.河南水利与南水北调,(2):4-7.

李万希,陈雷,王润元,等.2012.石羊河流域 1970—2009 年气候变化对农业生产结构的影响.农学学报,(3):25-30.

李秀芬,李帅,纪瑞鹏,等.2010.东北地区主要作物生长季降水量的时空变化特征研究.安徽农业科学,38(32):18 351-18 353,18 364.

李祎君,王春乙.2010.气候变化对我国农作物种植结构的影响.气候变化研究进展,(2):123-129.

李元华,车少静.2005.河北省温度和降水变化对农业的影响.中国农业气象,(4):22-26.

李正国,杨鹏,唐华俊,等.2011.气候变化背景下东北三省主要作物典型物候期变化趋势分析.中国农业科学,44(20):4 180-4 189.

廖玉芳,彭嘉栋,崔巍.2012.湖南农业气候资源对全球气候变化的响应分析.中国农学通报,28(8):287-293.

廖玉芳,宋忠华,赵福华,等.2010.气候变化对湖南主要农作物种植结构的影响.中国农学通报,26(24):276-286.

刘德祥,董安祥,邓振镛.2005a.中国西北地区气候变暖对农业的影响.自然资源学报,20(1):119-125.

刘德祥,董安祥,陆登荣.2005b.中国西北地区近 43 年气候变化及其对农业生产的影响.干旱地区农业研究,23(2):195-201.

刘实,王勇,缪启龙.2010.近 50 年东北地区热量资源变化特征.应用气象学报,21(3):265-277.

刘淑梅,高浩,黎贞发.2009.气候变暖对天津农作物种植结构的影响.中国农业气象,30(S1):42-46.

刘文平,郭慕萍,安炜,等.2009.气候变化对山西省冬小麦种植的影响.干旱区资源与环境,(11):88-93.

刘巽浩,韩湘玲,等.1987.中国的多熟种植.北京:北京农业大学出版社:14.

刘玉兰,张晓煜,刘娟,等.2008.气候变暖对宁夏引黄灌区玉米生产的影响.玉米科学,16(2):

147-149.

龙红,朱勇,王学锋,等.2010.云南农业应对气候变化的适应性对策分析.云南农业科技,(4): 6-9.

陆魁东,黄晚华,王勃,等.2007.湖南气候变化对农业生产影响的评估研究.安徽农学通报,13 (3):38-40.

满志敏.1999.历史时期柑橘种植北界与气候变化的关系.复旦大学学报:社会科学版,(5):72- 77,142.

明惠青,唐亚平,孙婧,等.2011.近50年辽宁无霜期积温时空演变特征.干旱地区农业研究,29 (2):276-280.

缪启龙,丁园圆,王勇,等.2009.气候变暖对中国热量资源分布的影响分析.自然资源学报,24 (5):934-944.

彭云峰,王琼.2011.近50年福建省日照时数的变化特征及其影响因素.中国农业气象,32(3): 350-355.

秦大河.2002.气候变化的事实、影响及对策.学会月刊,(10):35-37.

秦大河.2004.进入21世纪的气候变化科学——气候变化的事实、影响与对策.科技导报,(7): 4-7.

秦大河,丁一汇,苏纪兰,等.2005.中国气候与环境演变评估(Ⅰ):中国气候与环境变化及未来 趋势.气候变化研究进展,1(1):4-9.

屈振江.2010.陕西农作物生育期热量资源对气候变化的响应研究.干旱区资源与环境,24(1): 75-79.

邵远坤,沈桐立,游泳,等.2005.四川盆地近40年来的降水特征分析.西南农业大学学报,27 (6):749-752.

沈学年,刘巽浩,韩湘玲.1983.多熟种植.北京:农业出版社.

师玉娥.2001.气候变化对云南持续农业影响的初步研究[D].重庆:西南师范大学资源与环境科 学学院.

施晓晖,徐祥德,谢立安.2008.暖季中国东部气溶胶"影响显著区"的气候变化特征.中国科学D 辑:地球科学,38(4):519-528.

孙杰,许杨,陈正洪,等.2010.华中地区近45年来降水变化特征分析.长江流域资源与环境,19 (增1):45-51.

孙杨,张雪芹,郑度.2010.气候变暖对西北干旱区农业气候资源的影响.自然资源学报,25(7): 1 153-1 162.

孙智辉,王春乙.2010.气候变化对中国农业的影响.科技导报,28(4):110-117.

孙仲序,刘静,邱治霖,等.2003.山东省茶树抗寒变异特性的研究.茶叶科学,23(1):61-65.

谭方颖,王建林,宋迎波,等.2009.华北平原近45年农业气候资源变化特征分析.中国农业气 象,30(1):19-24.

王长燕,赵景波,李小燕.2006.华北地区气候暖干化的农业适应性对策研究.干旱区地理,29 (5):646-652.

王丹,开磊.2009.气候变化对我国农业生产的影响及对策研究.中州学报,(3):69-71.

王馥棠.2002.近十年来我国气候变暖影响研究的若干进展.应用气象学报,**13**(6):755-766.

王建源,范里驹,张璇.2010.1961—2008年山东省农耕期的动态变化.中国农业气象,**31**(3):358-363.

王培娟,梁宏,李祎君,等.2011.气候变暖对东北三省春玉米发育期及种植布局的影响.资源科学,(10):1 976-1 983.

王效瑞,田红.1999.安徽气候变化对农业影响的量化研究.安徽农业大学学报,**26**(4):493-498.

王修兰.1996.二氧化碳、气候变化与农业.北京:气象出版社.

王宗明,于磊,张柏,等.2006.过去50年吉林省玉米带玉米种植面积时空变化及其成因分析.地理科学,**26**(3):299-305.

伍红雨,杜尧东,潘蔚娟.2011.近48年华南日照时数的变化特征.中山大学学报,**50**(6):120-125.

肖风劲,张海东,王春乙,等.2006.气候变化对我国农业的可能影响及适应性对策.自然灾害学报,**15**(6):327-331.

谢立勇,郭明顺,曹敏建,等.2009.东北地区农业应对气候变化的策略与措施分析.气候变化研究进展,**5**(3):174-178.

熊伟,许吟隆,林而达.2005.气候变化导致冬小麦产量波动及其应对措施模拟.中国农学通报,**21**(5):380-385.

杨东,刘洪敏,郭盼盼,等.2010.1956—2008年辽宁省日照时数变化特征.干旱区研究,**27**(6):885-891.

殷雪莲,郝志毅,魏锋,等.2008.气候变暖对河西走廊中部农业的影响.干旱气象,**26**(2):90-94.

虞海燕,刘树华,赵娜,等.2011.我国近59年日照时数变化特征及其与温度、风速、降水的关系.气候与环境研究,**16**(3):389-398.

禹代林,欧珠.1999.西藏玉米生产的现状与建议.西藏农业科技,**21**(1):20-22.

云雅如,方修琦,王丽岩,等.2007.我国作物种植界限对气候变暖的适应性响应.作物杂志,(3):20-23.

云雅如,方修琦,王媛,等.2005.黑龙江省过去20年粮食作物种植格局变化及其气候背景.自然资源学报,(5):697-705.

曾丽红,宋开山,张柏,等.2010.东北地区1960—2008年生长季日照时数时空变化特征.农业系统科学与综合研究,**26**(3):363-370.

张厚瑄.2000.中国种植制度对全球气候变化响应的有关问题Ⅰ.气候变化对我国种植制度的影响.中国农业气象,**21**(1):9-13.

张丽娟.1998.气候变化对黑龙江省农业生态环境的影响.哈尔滨师范大学自然科学学报,**14**(4):107-110.

张强,张存杰,白虎志,等.2010.西北地区气候变化新动态及对干旱环境的影响——总体暖干化、局部出现暖湿迹象.干旱气象,**28**(1):1-7.

张强,邓振镛,赵映东,等.2008.全球气候变化对我国西北地区农业的影响.生态学报,**28**(3):1 210-1 218.

张宇,王石立,王馥棠.2000.气候变化对我国小麦发育及产量可能影响的模拟研究.应用气象学报,**11**(3):264-270.

张智,林莉.2008a.宁夏近40多年积温及不同积温期降水量变化研究.干旱地区农业研究,**26**(2):231-235.

张智,林莉,梁培.2008b.宁夏气候变化及其对农业生产的影响.中国农业气象,(4):402-405.

赵东,罗勇,高歌,等.2010.1961—2007年中国日照的演变及其关键气候特征.资源科学,**32**(4):701-711.

赵秀兰.2010.近50年中国东北地区气候变化对农业的影响.东北农业大学学报,**41**(9):144-149.

赵昕奕,张惠远,万军.2002.青藏高原气候变化对气候带的影响.地理科学,**22**(2):190-195.

赵玉田,梁博文.1987.冬小麦抗冻性鉴定的方法指标及筛选.中国农业科学,**20**(6):74-80.

郑冰婵.2012.气候变化对中国种植制度影响的研究进展.中国农学通报,**28**(2):308-311.

郑广芬,陈晓光,孙银川,等.2006.宁夏气温、降水、蒸发的变化及其对气候变暖的响应.气象科学,**26**(4):412-421.

郑国光.2009.科学应对全球气候变暖,提高粮食安全保证能力.求是,(23):47-49.

周绍毅,徐圣璇,黄飞,等.2011.广西农业气候资源的长期变化特征.中国农学通报,**27**(27):168-173.

周曙东,周文魁.2009.气候变化对长三角地区农业生产的影响及对策.浙江农业学报,**21**(4):307-310.

周伟东,朱洁华,王艳琴,等.2008.上海地区百年农业气候资源变化特征.资源科学,**30**(5):642-647.

朱晓禧,方修琦,王媛.2008.基于遥感的黑龙江省西部水稻、玉米种植范围对温度变化的响应.地理科学,(1):66-71.

邹立坤,张建平,姜青珍,等.2001.冬小麦北移种植的研究进展.中国农业气象,(2):54-58.

Olmsteada A L,Rhodeb P W.2011.Adapting North American wheat production to climatic challenges,1839—2009.*Proceedings of the National Academy of Sciences*,**108**(2):480-485.

Piao S L,Ciais P,Huang Y,*et al*.2010.The impacts of climate change on water resources and agriculture in China.*Nature*,**467**:43-51.

# 第 2 章　研究方法

本章集中介绍全书各章涉及的研究指标和计算方法,包括农业气候资源分析、种植制度界限、作物种植界限、农业气象灾害和作物生产潜力五个方面。

本书的研究区域分全国尺度和六大区域两个层面,除本书 3.3 节外,六大区域界定时,考虑我国自然区划和行政区,界定的西南地区包括四川、贵州、云南、重庆 4 个省(市),长江中下游地区包括江苏、浙江、上海、安徽、湖北、湖南和江西 7 省(市),华南地区包括广东、广西、福建和海南 4 省(区),西北地区包括新疆、青海、甘肃、宁夏、陕西和内蒙古 6 省(区),华北地区包括北京、天津、河北、河南、山西、山东 6 省(市),东北地区包括吉林、辽宁和黑龙江 3 省,西藏自治区因其气候特殊,单独分析。喜凉作物的研究区域包括西北地区和华北地区,喜温作物的研究区域为全国。书中所用气象数据来自于中国气象科学数据共享服务网。

## 2.1　农业气候资源分析指标及计算方法

农业气候资源是指为农业生产提供基本物质与能量的农业气候要素,包括太阳辐射(光能)、热量、水分和空气等。同时还指各种要素的年内、年际变化以及各要素的组合。随着各气候要素数量和质量的不同,以及年内分配和组合情况的差异,可形成多种多样的农业气候资源类型,从而在很大程度上决定了一地区的农业生产类型(韩湘玲,1999)。本书涉及的农业气候资源相关指标和计算方法如下。

### 2.1.1　热量资源分析指标及计算方法

(1)农业气象界限温度

农业气象界限温度是指具有普遍意义的、标志着某些重要物候现象或农事活动的开始、终止或转折点的温度,简称界限温度(刘汉中,1990),农业上常用的界限温度包括 0,5,10,15 和 20 ℃。在农业气候资源分析中,0 ℃为喜凉作物生长的起止温度,10 ℃为喜温作物生长的起止温度。界限温度起止日期称为稳定通过某界限温度的起止日期或初、终日期。

(2)农业气象界限温度起止日期计算方法

农业气象界限温度是农业气象常用指标,在农业气候资源分析中占有重要地位,稳定通过某界限温度的起止日期或初、终日期计算方法包括:五日滑动平均法、偏差法、日平均气温绝对通过法和候平均气温稳定通过法,其中五日滑动平均法为中国气象局规定的全国各气象台站计算界限温度起止日期的统一方法(曲曼丽,1991)。

①五日滑动平均法:在春季(或秋季)第一次出现高于(或低于)某界限温度之日起,按日序依次计算出每连续五日的日平均气温的平均值,并在一年中,任意连续大于等于这个界限温度持续的最长的一段时期内,在此时期内第一个五日的日平均气温中,挑取最先一个日平均气温大于等于该界限温度的日期,即为稳定通过该界限温度出现的初日(起始日期),而在持续最长的一段时期(秋季)的最后一个高于某界限温度的五日平均气温中,挑取最末一个日平均气温大于等于该界限温度的日期,即为稳定通过该界限温度的终止日(终止日期)。

②偏差法:偏差法确定某界限温度的起始日期,是指从春季第一次出现大于某界限温度之日起,到春季日平均气温不再低于某界限温度之日为止的这一段时期内,连续计算数日内的正偏差之和及负偏差之和(日平均气温减某界限温度>0 ℃为正偏差,反之为负偏差),当某个时期的正偏差之和,大于该时期以后各个时期出现的负偏差之和的 1 倍以上时,则该时期的第一天就是某界限温度起始日期。终止日期的确定与上述方法相同,是指从秋季第一次出现小于某界限温度之日起,到秋季气温不再高于该界限温度之日为止的一段时期内,分别计算各时段的正、负偏差和,当某个时期负偏差之和大于该时期以后任何一个时期正偏差之和的 1 倍以上时,则该时期的前一天就是某界限温度的终止日期。

③日平均气温绝对通过法:日平均气温绝对通过法包括两种方法:

方法一,在春季各月中,日平均气温第一次出现大于某界限温度的那一天为起始日期;秋季日平均气温最后一次出现大于某界限温度的那一天为终止日期。

方法二,在春季各月中,日平均气温最后不再出现低于某界限温度的第一天为起始日期;秋季日平均气温第一次出现低于某界限温度的前一天为终止日期。

④候平均气温通过法:在只有候平均气温资料时,可用此方法确定界限温度的起止日期。起始日期是指在春季各月中选取第一个在其后不再出现候平均气温(每月按六候计算)低于某界限温度的那一候,此候中间的一天即为该界限温度的起始日期。在秋季各月中,挑出最后一个候平均气温高于某界限温度的那一候,此候中间的一天为该界限温度的终止日期。

(3)农业气象界限温度持续日数计算方法

利用上述四种方法求算出某界限温度的起止日期后,再根据公式(2.1)计算该界限温度的持续日数(曲曼丽,1991):

$$S = B - A + 1 \qquad\qquad (2.1)$$

式中:S 为某界限温度的持续日数;A 和 B 分别为该界限温度的起始和终止日期的日序。

（4）温度生长期

生长期分为气候生长期和作物生长期（即作物生长季）两种。气候生长期是指某一地区一年内农作物可能生长的时期。一般春季 0 ℃开始日期到秋季 0 ℃终止日期之间日数为喜凉作物气候生长期，春季 10 ℃开始日期到秋季 10 ℃终止日期之间日数为喜温作物气候生长期。作物生长期对于一年生作物而言，指从作物播种到成熟的一段时期。对于多年生作物，指从春季萌发到进入秋眠期为止的一段时期（韩湘玲，1999）。

（5）积温指标及计算方法

温度对作物生长发育的影响，包括温度强度和持续时间两个方面。根据研究目的不同，积温有不同的表达形式，其中应用最为广泛的是活动积温和有效积温（中国农业科学院，1999）。

活动积温是指生物在某段时期内活动温度的总和，活动温度是高于生物学零度的日平均温度，计算方法如公式（2.2）。

$$A_a = \sum_{i=1}^{n} T_i \qquad (T_i > B, \text{当 } T_i < B \text{ 时}, T_i \text{ 以 0 计}) \qquad (2.2)$$

有效积温是指生物在某段时期内有效温度的总和，有效温度是活动温度减去生物学零度后的差值，计算方法如公式（2.3）：

$$A_e = \sum_{i=1}^{n} (T_i - B) \qquad (T_i > B, \text{当 } T_i < B \text{ 时}, T_i - B \text{ 以 0 计}) \qquad (2.3)$$

式中：$A_a$ 和 $A_e$ 分别为活动积温和有效积温，其单位是度·日（℃·d）；$n$ 为该时段内的日数（d）；$T_i$ 为第 $i$ 天的日平均气温（℃），$B$ 为该作物发育的生物学零度（℃）。为了方便比较，本书除特别说明外，所用积温都是活动积温。

（6）某界限温度起止日期间的活动积温计算方法

求算大于或大于等于某界限温度起止日期之间的活动积温，即在某界限温度起止日期之间，统计大于或大于等于某界限温度的日平均气温累积和（曲曼丽，1991）。

## 2.1.2　水分资源分析指标及计算方法

（1）有效降水量定义及计算方法

有效降水量是指旱地种植条件下，用于满足作物蒸发蒸腾需要的那部分降水量，它不包括地表径流和渗漏至作物根区以下的部分，因为这部分水分没有用于作物的蒸散，视为无效水（刘站东 等，2007）。影响有效降水量的因素多而复杂，不同作物种类、生长阶段、耗水特性、降水特性、土壤特性、地下水埋深以及农业耕作管理措施等因素都直接或间接地影响其大小。

国内外有效降水量的计算方法很多，这些方法大致可以分为 3 类：田间仪器直接测定法、经验公式法和水量平衡法。

（2）参考作物蒸散量的定义及计算方法

根据联合国粮食及农业组织（FAO）的定义，参考作物蒸散量（$ET_0$）指表面开阔，高度一致，生长旺盛，完全遮盖地面而水分充足的绿色草地的蒸腾和蒸发量，也称为参考蒸散量（Allen et al.，1998），这里的假设条件是作物高度为 0.12 m，固定的叶面阻力为 70 s/m，反射率为 0.23。

FAO 推荐采用 Penman-Monteith（彭曼-蒙蒂思）方法计算参考作物蒸散量（FAO，1998），这一方法之所以被 FAO 定为首选方法，是因为该方法以能量平衡和水汽扩散理论为基础，既考虑了作物的生理特征，又考虑了空气动力学参数的变化，具有较充分的理论依据和较高的计算精度。

计算参考作物蒸散量的 Penman-Monteith 公式如式（2.4）：

$$ET_0 = \frac{0.408\Delta(R_n - G) + \gamma\dfrac{900}{t+273}U_2(e_a - e_d)}{\Delta + \gamma(1 + 0.34\ U_2)} \tag{2.4}$$

式中：$ET_0$ 为参考作物蒸散量（mm·d$^{-1}$）；$R_n$ 为地表净辐射（MJ·m$^{-2}$·d$^{-1}$）；$G$ 为土壤热通量（MJ·m$^{-2}$·d$^{-1}$），在逐日计算公式中可以认为 $G=0$；$t$ 为 2 m 高度处的平均气温（℃）；$U_2$ 为 2 m 高度处的风速（m·s$^{-1}$）；$e_a$ 为饱和水汽压（kPa）；$e_d$ 为实际水汽压（kPa）；$\Delta$ 为饱和水汽压曲线斜率（kPa·℃$^{-1}$）；$\gamma$ 为干湿表常数（kPa·℃$^{-1}$）。

（3）作物需水量

作物需水量（$ET_c$）是指在适宜的外界环境条件下，作物正常生长发育达到或接近作物品种的最高产量水平时所需要的水量（韩湘玲，1999）。FAO 推荐的"参考作物蒸散量乘以作物系数法"为计算作物需水量采用的最普遍方法（Allen，et al.，1998）。计算公式如式（2.5）：

$$ET_c = ET_0 \times K_c \tag{2.5}$$

式中：$ET_c$ 为某一时段的作物需水量（mm）；$ET_0$ 为对应时段的参考作物蒸散量（mm）；$K_c$ 为同一时段的作物系数。

（4）作物系数

作物系数（$K_c$）是作物某生长发育阶段的需水量（$ET_c$）与该阶段参考作物蒸散量（$ET_0$）的比值，为计算作物需水量必要的参数（Allen et al.，1998）。

FAO 推荐了标准状况下（标准条件是指空气湿度为 45%、风速为 2 m·s$^{-1}$ 的半湿润气象条件）各类作物的作物系数，以及非标准状况下作物系数的计算方法（Allen et al.，1998）。

在订正作物系数时，首先，根据作物生长发育特征，将作物生育期划分为初始生长期（从播种到作物覆盖率接近 10%，作物系数为 $K_{cini}$）、快速发育期（从覆盖率

10%到充分覆盖,作物系数从 $K_{cini}$ 提高到 $K_{cmid}$)、生育中期(从充分覆盖到成熟期开始,作物系数为 $K_{cmid}$)和成熟期(从叶片开始变黄到生理成熟或收获,作物系数从 $K_{cmid}$ 下降到 $K_{cend}$)(刘珏 等,2000)。

根据当地土壤及气候条件修正作物系数,计算公式如下:

$$K_{cini} = \frac{E_{so}}{ET_0} = 1.15 \quad (t_w \leqslant t_l) \tag{2.6a}$$

$$K_{cini} = \frac{TEW - (TEW - REW)\exp\left[\dfrac{-(t_w - t_l)E_{so}\left(1 + \dfrac{REW}{TEW - REW}\right)}{TEW}\right]}{t_w ET_0} \quad (t_w > t_l) \tag{2.6b}$$

式中:$REW$ 为在大气蒸发力控制阶段蒸发的水量(mm);$TEW$ 为一次降雨或灌溉后总计蒸发的水量(mm);$E_{so}$ 为潜在蒸散率(mm·d$^{-1}$);$t_w$ 为灌溉或降雨的平均间隔天数(d);$t_l$ 为大气蒸发力控制阶段的天数(d),$t_l = REW/E_{so}$。

$$TEW = Z_e(\theta_{Fc} - 0.5\theta_{Wp}) \quad (ET_0 \geqslant 5 \text{ mm·d}^{-1}) \tag{2.7a}$$

$$TEW = Z_e(\theta_{Fc} - 0.5\theta_{Wp})\sqrt{\frac{ET_0}{5}} \quad (ET_0 < 5 \text{ mm·d}^{-1}) \tag{2.7b}$$

$$REW = 20 - 0.15Sa \quad \text{对 } Sa > 80\% \text{ 的土壤} \tag{2.8a}$$

$$REW = 11 - 0.06Cl \quad \text{对 } Cl > 50\% \text{ 的土壤} \tag{2.8b}$$

$$REW = 8 + 0.08Cl \quad \text{对 } Sa < 80\% \text{ 并且 } Cl < 50\% \text{ 的土壤} \tag{2.8c}$$

式中:$Z_e$ 为土壤蒸发层的深度(mm),通常为 100~150 mm;$\theta_{Fc}$ 和 $\theta_{Wp}$ 分别为蒸发层土壤的田间持水量和凋萎点含水率(%);$Sa$ 和 $Cl$ 分别为蒸发层土壤中的沙粒含量和黏粒含量。

$$K_{cmid} = K_{cmid(Tab)} + [0.04(U_2 - 2) - 0.004(RH_{min} - 45)]\left(\frac{h}{3}\right)^{0.3} \tag{2.9}$$

当 $K_{cend(Tab)} \geqslant 0.45$ 时

$$K_{cend} = K_{cend(Tab)} + [0.04(U_2 - 2) - 0.004(RH_{min} - 45)]\left(\frac{h}{3}\right)^{0.3} \tag{2.10a}$$

当 $K_{cend(Tab)} < 0.45$ 时

$$K_{cend} = K_{cend(Tab)} \tag{2.10b}$$

式中:$U_2$ 为该生育阶段内 2 m 高度处的日平均风速(m·s$^{-1}$);$RH_{min}$ 为该生育阶段内日最低相对湿度的平均值;$h$ 为该生育阶段内作物的平均高度(m)。

## 2.1.3　气候要素保证率定义及计算方法

在进行农业气候分析或提供农业气候建议时,仅用多年平均值是不够的,因为任何一个气候要素都处于波动之中,存在着年际间的变化,如果仅考虑气候的多年平均值就忽略了气候的变动性。作为农业气候建议至少要考虑10年有8年可以获得成功，即要有80%以上的保证程度才能可行，这样就需要对气候要素做保证率的求算(曲曼丽,1991;韩湘玲,1999)。

保证率是指大于等于或小于等于某要素值出现的可能性或概率(韩湘玲,1999)。

计算保证率要求较长年代的气象资料,气温需要20～30年以上资料,降水量则需要40年以上资料。一般采用经验频率法、分组法及均方差法计算保证率(北京农业大学农业气象专业农业气候教学组,1987):

(1)经验频率法

将资料按由最大值至最小值或由最小值至最大值的顺序排列,根据公式(2.11)求算保证率:

$$P = \frac{m}{n+1} \times 100\% \tag{2.11}$$

式中:$P$ 为保证率(%);$m$ 为累积频率(序号);$n$ 为总样本数。

根据求得的保证率,绘制保证率曲线图,由图中查出各等级保证率所对应的要素值。

这种方法适用于资料年代不长,所研究的要素的数量变化范围不大,要素为不连续变量的情况,且要素变量可以不为正态分布。

(2)分组法

根据序列的最小值与最大值分成若干组,组数应不超过

$$M = 5 \lg m \tag{2.12}$$

式中:$M$ 为组数;$m$ 为资料年代数,一般以6～8组为宜。

然后求算各组出现的频率

$$\eta = \frac{n}{N} \times 100\% \tag{2.13}$$

式中:$\eta$ 为频率(%);$N$ 为总样本数;$n$ 为频数。

将各组的频率依次累加,即可求算出各组要素值的保证率值,并绘出保证率曲线,由此曲线可查出不同等级保证率对应的要素值。

(3)均方差法

本方法要求,要素资料年代较长,至少在20～40年以上,且为正态分布。

## 2.1.4 气候要素气候倾向率定义及计算方法

气候倾向率是表征气候要素多年变化趋势的指标,一般用气候要素时间序列的回归直线的斜率的10倍表示。用 $x_i$ 表示样本量为 $n$ 的某气候变量,$t_i$ 表示 $x_i$ 对应的时间,建立 $x_i$ 与 $t_i$ 之间的回归方程:

$$x_i = a + bt_i \quad i = 1, 2, \cdots, n \tag{2.14}$$

式中:$a$ 为回归常数;$b$ 为回归系数。$a$ 和 $b$ 可以用最小二乘法进行估计。以 $b$ 的 10 倍作为气候要素的气候倾向率(沈琪 等,2007)。

## 2.2　种植制度概念与指标

### 2.2.1　相关概念

为了避免概念上的混乱,本书采用统一的名词定义和符号,主要依据是《中国耕作制度》(刘巽浩 等,1993)。

种植制度:一个地区或生产单位作物组成、配置、熟制与种植方式的总称。

作物布局:一个地区或生产单位作物组成和配置的总称。作物组成包括作物种类、品种、面积、比例等,配置是作物在区域或田块上的分布。

多熟种植:又称多作种植,是指在同一田块上一年内或同时或先后种两种或两种以上作物。包括时间上(多种)和空间上(间混作)两个方面的集约化。

复种:同一田地上一年内接连种植两季或两季以上作物。

休闲:在可种作物的季节或全年对耕地只耕不种或不耕不种的方式。

间作:在同一田地上同一生长期内分行或分带相间种植两种或两种以上作物的方式。

套作:在前季作物生长后期的株行间播种或移栽后季作物的种植方式。

轮作:在同一田地上,有顺序地轮换不同作物的种植方式。

连作:在同一田地上连续种植相同作物的种植方式。

本书在名词与符号上,采用国际、国内通用标准。"→"表示隔年,"—"表示年内复种,"/"表示套作,"‖"表示间作。

### 2.2.2　种植制度界限指标

在 20 世纪 80 年代中期,刘巽浩等(1987)完成了我国种植制度区划,建立了中国种植制度区划指标体系。为了细致地比较 1981 年以来气候变化带来的我国种植制度界限的空间移动,本书中有关种植制度界限的分析,完全采用刘巽浩等(1987)当时确定的指标体系。

我国幅员辽阔,地域差异性大,刘巽浩等(1987)当时的指标体系采用了分级分类的方法,即零级带统一按热量划分,一级区与二级区按热量、水分、地貌与作物划分。每个带内的一级区划分指标是统一的,但不同带间一级区的具体指标不同。

（1）种植制度零级带指标

种植制度零级带指标见表 2.1。零级带主要按照积温带划分，≥0 ℃积温 4 000～4 200 ℃·d 为一熟带与两熟带的分界线，≥0 ℃积温 5 900～6 100 ℃·d 为两熟带与三熟带的分界线。

表 2.1　种植制度零级带的指标及划分

| 带名 | 分带指标 | | |
|---|---|---|---|
| | ≥0 ℃积温（℃·d） | 极端最低气温（℃） | 20 ℃终止日 |
| 一年一熟带 | <4 000～4 200 | <−20 | 8 月上旬—9 月上旬 |
| 一年两熟带 | >4 000～4 200 | >−20 | 9 月上旬—9 月下旬初 |
| 一年三熟带 | >5 900～6 100 | >−20 | 9 月下旬初—11 月上旬 |

引自刘巽浩等．1987

（2）种植制度一级区和二级区指标

热量是熟制的限制因素，但能否一年两熟或三熟，在很大程度上取决于水分、地貌与作物。一年一熟带中根据作物生长旺季对热量的要求、年降水量及地貌与作物条件等，将一熟带分为 5 个一级区，包括：青藏高原喜凉作物一熟轮歇区、北部中高原半干旱凉温作物一熟区、东北西北低高原半干旱温凉作物一熟区、东北平原丘陵半湿润温凉作物一熟区及西北干旱灌溉温凉作物一熟区。在一级区中又按照作物的温凉属性及温度（≥0 ℃积温、7 月平均气温和极端最低气温平均值）和年降水量，分出 11 个二级区，具体指标见表 2.2。

表 2.2　一年一熟带内一级区和二级区指标及划分

| 一级区 | 二级区 | 热量 | | 年降水量（mm） |
|---|---|---|---|---|
| | | ≥0 ℃积温（℃·d） | 7 月平均气温（℃） | |
| Ⅰ青藏高原喜凉作物一熟轮歇区 | Ⅰ₁ 藏东南川西高原谷地喜凉作物一熟区 | 1 300～3 000 | <18 | 300～600 |
| | Ⅰ₂ 青海甘南高原喜凉作物旱作轮歇区 | | | |
| Ⅱ北部中高原半干旱凉温作物一熟区 | Ⅱ₁ 阴山坝上晋西北喜凉作物一熟区 | 2 500～3 000 | 18～22 | 400～500 |
| | Ⅱ₂ 陇中青东宁中南黄土高原半干旱凉温作物一熟区 | | | |
| Ⅲ东北西北低高原半干旱温凉作物一熟区 | Ⅲ₁ 东北西部内蒙古东南部长城沿线半干旱温凉作物一熟区 | 3 000～4 200 | 20～25 | 400～600 |
| | Ⅲ₂ 黄土高原东部太行山地易旱温凉作物一熟区 | | | |

续表

| 一级区 | 二级区 | 热量 | | 年降水量（mm） |
| --- | --- | --- | --- | --- |
| | | ≥0 ℃积温（℃·d） | 7 月平均气温（℃） | |
| Ⅳ东北平原丘陵半湿润温凉作物一熟区 | Ⅳ₁ 三江平原长白山北部早熟凉温作物一熟区 | 2 000～4 000 | 20～25 | 500～800 |
| | Ⅳ₂ 松嫩平原长白山南部温凉作物一熟区 | | | |
| | Ⅳ₃ 辽宁平原丘陵喜温作物一熟填闲区 | | | |
| Ⅴ西北干旱灌溉温凉作物一熟区 | Ⅴ₁ 内蒙古河套河西银川北疆灌区温凉作物一熟区 | 3 200～3 800 | 20～25 | ＜300 |
| | Ⅴ₂ 南疆东疆绿洲两熟区 | ＞4 000 | | |

引自刘巽浩 等,1987

一年两熟带中根据≥0 ℃积温、秋季降温程度与年降水量以及地貌和作物类型,分为 4 个一级区:黄淮海水浇地两熟旱地两熟一熟区,西南高原山地水田两熟旱地两熟一熟区,江淮平原丘陵麦稻两熟区和四川盆地水旱两熟三熟区,在 4个一级区中又进一步以热量、水分、地貌和作物划分出 14 个二级区,具体指标见表 2.3。

表 2.3　一年两熟带内一级区和二级区指标及划分

| 一级区 | 二级区 | 热量 | | 年降水量（mm） |
| --- | --- | --- | --- | --- |
| | | ≥0 ℃积温（℃·d） | 秋季 20 ℃终止日 | |
| Ⅵ黄淮海水浇地两熟旱地两熟一熟区 | Ⅵ₁ 冀东胶东平原丘陵太原盆地水浇地套两熟旱地一熟区 | 4 100～5 500 | 9 月初—9 月下旬 | 500～900 |
| | Ⅵ₂ 冀中南鲁西北水浇地中早两熟旱地一熟区 | | | |
| | Ⅵ₃ 鲁中南豫北关中晋南水浇地中两熟旱地一熟区 | | | |
| | Ⅵ₄ 黄河南沙河北水浇地旱地中晚两熟区 | | | |
| | Ⅵ₅ 沙河南淮河北水浇地旱地两熟区 | | | |
| | Ⅵ₆ 豫西秦岭山地丘陵两熟与二年三熟区 | | | |
| Ⅶ西南高原山地水田两熟旱地两熟一熟区 | Ⅶ₁ 秦巴山南麓旱地两熟一熟水田麦稻两熟区 | 4 600～6 100 | 8 月下旬—9 月下旬 | 800～1 500 |
| | Ⅶ₂ 湘黔鄂川交界旱地两熟一熟水田两熟区 | | | |
| | Ⅶ₃ 贵州高原水田两熟旱地两熟一熟区 | | | |
| | Ⅶ₄ 云南高原水田两熟旱地两熟一熟区 | | | |

续表

| 一级区 | 二级区 | 热量 | | 年降水量 (mm) |
|---|---|---|---|---|
| | | ≥0 ℃积温 (℃·d) | 秋季20 ℃ 终止日 | |
| Ⅷ江淮平原丘陵麦稻两熟区 | Ⅷ₁ 江淮平原麦(油)稻两熟区 | 5 500～5 900 | 9月下旬 | 900～1200 |
| | Ⅷ₂ 大别山豫南鄂北丘陵平原水田旱地两熟区 | | | |
| Ⅸ四川盆地水旱两熟三熟区 | Ⅸ₁ 盆西平原水田旱地两熟三熟区 | 5 900～6 600 | 9月中旬— 9月下旬 | 900～1 400 |
| | Ⅸ₂ 盆南盆东丘陵低山三熟区 | | | |

引自刘巽浩 等,1987

一年三熟带中按照作物对积温的要求、20 ℃终止日、水分、地貌等指标划分两个一级区:长江中下游平原丘陵水田三熟两熟区及华南晚三熟两熟与热三熟区。在两个一级区中又根据热量、水分、地貌和作物划分为 5 个二级区,具体指标见表 2.4。

表 2.4  一年三熟带内一级区和二级区指标及划分

| 一级区 | 二级区 | 热量 | | 年降水量 (mm) |
|---|---|---|---|---|
| | | ≥0 ℃积温 (℃·d) | 秋季20 ℃ 终止日 | |
| Ⅹ长江中下游平原丘陵水田三熟两熟区 | Ⅹ₁ 沿长江早三熟两熟区 | 5 900～6 900 | 9月下旬— 10月上旬 | 1 000～1 800 |
| | Ⅹ₂ 江南丘陵山地平原中三熟两熟区 | | | |
| Ⅺ华南晚三熟两熟与热三熟区 | Ⅺ₁ 南岭滇南晚三熟两熟区 | 6 900～9 000 | 10月中旬— 11月上旬 | 1 100～2 000 |
| | Ⅺ₂ 南亚热带热三熟区 | | | |
| | Ⅺ₃ 准热带多熟与热带经作区 | | | |

引自刘巽浩 等,1987

本书的第 4 章将重点分析与 1950s—1980 年相比,1981—2007 年气候变化所引起的种植制度零级带种植北界、一级区界限和二级区界限的变化,为了完成这种比较,我们采用表 2.2 至表 2.4 的指标进行分析。

## 2.3　作物种植界限指标

### 2.3.1　冬小麦种植北界指标

冬小麦种植北界的确定采用崔读昌等(1991)提出的指标:最冷月平均最低气温-15 ℃、极端最低气温-22~-24 ℃。

### 2.3.2　双季稻种植北界指标

双季稻种植北界的确定采用全国农业区划委员会(1991)提出的双季稻安全种植北界指标,即≥10 ℃积温满足 5 300 ℃·d。

### 2.3.3　玉米种植北界指标

黑龙江省是我国玉米种植最北地区,本书在分析玉米不同熟性品种种植北界时,采用杨镇(2007)等提出的≥10 ℃积温指标,见表 2.5。

表 2.5　东北三省春玉米不同熟性品种积温指标　　　　　　　单位:℃·d

| 玉米熟性 | 黑龙江省 | 吉林省 | 辽宁省 |
| --- | --- | --- | --- |
| 早熟品种 | 2 100 | 2 100 | 2 100 |
| 中熟品种 | 2 400 | 2 500 | 2 700 |
| 晚熟品种 | 2 700 | 2 700 | 3 200 |

### 2.3.4　热带作物安全种植北界指标

刘巽浩先生等以≥10 ℃有效积温≥8 000 ℃·d 作为海南岛、雷州半岛、西双版纳水田旱作两熟兼热作区的积温指标,该区域以种植橡胶、剑麻、椰子等典型热带作物为主(刘巽浩 等,2005)。本书以此作为研究典型热带作物(以下简称热带作物)种植北界的积温指标,该指标也是竺可桢先生提出的我国亚热带南界指标(竺可桢,1958),为学术界普遍认可(黄秉维,1985;江爱良,1960)。本书将上述指标用于广东、广西和海南三省(区)热带作物安全种植北界分析。考虑到云南省南部积温有效性强,选择≥7 500 ℃·d 作为该地区热带作物种植北界指标(邱宝剑,1993)。

## 2.4　农业气象灾害指标及计算方法

### 2.4.1　作物干旱指标及计算方法

本书涉及的干旱主要指作物干旱。作物水分亏缺指数（CWDI）是表征作物水分亏缺程度的指标之一。作物水分亏缺指数较好地反映了土壤、植物、气象三方面因素的综合影响，能比较真实地反映出作物水分亏缺状况，是常用的作物干旱诊断指标。

根据作物水分亏缺指数（CWDI）的定义，其计算方法如公式（2.15）（国家气象中心 等，2009；陈凤 等，2006）：

$$CWDI = a \times CWDI_i + b \times CWDI_{i-1} + c \times CWDI_{i-2} + d \times CWDI_{i-3} + e \times CWDI_{i-4}$$

(2.15)

式中：$CWDI$ 为作物生育期内按旬时段计算的累计水分亏缺指数，分别计算播种出苗—成熟的旬数，由于作物干旱主要体现为累积效应，水分亏缺指数一般计算连续 5 旬值；$CWDI_i$、$CWDI_{i-1}$、$CWDI_{i-2}$、$CWDI_{i-3}$、$CWDI_{i-4}$ 为该旬及前 4 旬水分亏缺指数；$a$、$b$、$c$、$d$、$e$ 为对应旬的累计权重系数，一般 $a$ 取 0.3，$b$ 取 0.25，$c$ 取 0.2，$d$ 取 0.15，$e$ 取 0.1，各地可根据当地实际情况确定相应系数值。其中 $CWDI_i$ 计算方法如公式（2.16）：

$$CWDI_i = \begin{cases} [1-(P_i + I_i)/ET_c] \times 100\%, & ET_c \geqslant P_i + I_i \\ 0, & ET_c < P_i + I_i \end{cases}$$

(2.16)

式中：$ET_c$ 为某一旬作物需水量（mm）；$P_i$ 为某一旬降水量（mm）；$I_i$ 为某一旬的灌溉量（mm）。其中 $ET_c$ 的计算方法见本书 2.1.2 节。

根据作物水分亏缺指数，作物干旱等级划分见表 2.6（国家气象中心 等，2009）。

表 2.6　作物干旱等级划分

| 等级 | 类型 | 作物水分亏缺指数（%） | |
|:---:|:---:|:---:|:---:|
| | | 水分临界期 | 其余发育期 |
| 0 | 无旱 | $CWDI \leqslant 10$ | $CWDI \leqslant 15$ |
| 1 | 轻旱 | $10 < CWDI \leqslant 20$ | $15 < CWDI \leqslant 25$ |
| 2 | 中旱 | $20 < CWDI \leqslant 30$ | $25 < CWDI \leqslant 35$ |
| 3 | 重旱 | $30 < CWDI \leqslant 40$ | $35 < CWDI \leqslant 50$ |
| 4 | 特旱 | $CWDI > 40$ | $CWDI > 50$ |

## 2.4.2　冷害指标

冷害是指农作物生长发育期间遭受到 0 ℃以上(有时在 20 ℃左右)的低温危害,引起农作物生育期延迟,或使其生殖器官的生理活动受阻,造成农业减产(中国农业科学院,1999)。影响范围大、危害严重和经常出现的冷害,主要是长江流域及华南地区的春季冷害和秋季冷害,以及东北地区的夏季冷害。本书在第 5 章中将详细分析东北地区玉米低温冷害特征,在此仅介绍东北地区玉米低温冷害指标,见表 2.7(中国气象科学研究院 等,2009)。

表 2.7　东北玉米延迟型冷害指标

| 致灾因子 | 致灾指标 | | | | | 致灾等级 |
|---|---|---|---|---|---|---|
| 5—9 月逐月平均气温之和的多年平均值($T$,℃) | $T \leqslant 80$ | $80 < T \leqslant 85$ | $85 < T \leqslant 90$ | $90 < T \leqslant 95$ | $95 < T \leqslant 100$ | |
| 当年 5—9 月逐月平均气温之和与多年平均值的距平($\Delta T$,℃) | $-1.4 < \Delta T \leqslant -1.1$ | $-1.7 < \Delta T \leqslant -1.4$ | $-2.0 < \Delta T \leqslant -1.7$ | $-2.2 < \Delta T \leqslant -2.0$ | $-2.3 < \Delta T \leqslant -2.2$ | 一般冷害 |
| | $-2.4 < \Delta T \leqslant -1.7$ | $-3.1 < \Delta T \leqslant -2.4$ | $-3.7 < \Delta T \leqslant -3.1$ | $-4.1 < \Delta T \leqslant -3.7$ | $-4.4 < \Delta T \leqslant -4.1$ | 严重冷害 |

## 2.4.3　冻害指标

冬季越冬作物和果树因遇到 0 ℃以下强烈低温或者剧烈变温所造成的农业气象灾害称为越冬冻害,主要包括越冬作物冻害、果树冻害和经济林木冻害等(陈端生 等,1990)。本书仅涉及冬小麦越冬期的冻害指标。

冬小麦冻害是多种因子的综合影响造成的,其中 0 ℃以下低温是引起麦苗受伤害或死亡的主导因子,目前主要以最低气温作为分析冬小麦冻害指标。冬小麦按其冬春性可划分为强冬性、冬性、弱冬性和春性,不同类型的冬小麦其抗冻能力也存在一定差异,见表 2.8(韩湘玲,1991)。

表 2.8　不同类型冬小麦品种耐低温程度

| 品种类型 | 强冬性 | 冬性 | 弱冬性 | 春性 |
|---|---|---|---|---|
| 耐低温程度(℃) | $-22 \sim -24$ | $-18 \sim -20$ | $-12 \sim -16$ | $-11 \sim -12$ |

## 2.4.4　寒害及其指标

寒害是指热带、亚热带植物在冬季生育期间内受到一个或多个低温天气过程(一般在 0~10 ℃,有时低于 0 ℃)的影响,造成植物生理的机能障碍,导致减产或死亡(崔读昌,1999)。

　　寒害主要发生在冬季,低温危害的日最低温度为 5.0 ℃,即当日最低气温
≤5.0 ℃时寒害过程开始,当日最低气温>5.0 ℃时寒害过程结束(中国气象局,
2007)。本书采用极端最低气温、最大降温幅度、低温持续日数和有害积寒作为寒
害的致灾因子计算综合寒害指数,并用该指数分析我国热带作物主要种植区域海
南、广东、广西和云南南部地区热带作物的寒害风险。该方法可以弥补用寒潮标准
分析寒害的不足,较好地表征热带和亚热带地区寒害致灾过程与强度等级。综合
寒害指数的计算见公式(2.17)(杜尧东 等,2006):

$$HI = -0.5388X_1 + 0.5412X_2 + 0.5215X_3 + 0.3805X_4 \qquad (2.17)$$

式中:$HI$ 为逐年综合寒害指数(无量纲值);$X_1$ 为逐年冬季极端最低气温(℃);$X_2$
为逐年冬季日最低气温≤5.0 ℃持续日数(d);$X_3$ 为逐年冬季日最低气温≤5.0 ℃
有害温度的累积(℃·d);$X_4$ 为逐年冬季所有寒害过程的最大降温幅度(℃)。根
据 $HI$ 判断寒害等级的标准见表 2.9。

表 2.9　寒害等级标准

| 寒害等级 | 轻度 | 中度 | 重度 | 极重 |
| --- | --- | --- | --- | --- |
| $HI$ | $-1 \leqslant HI < 0$ | $0 \leqslant HI < 1$ | $1 \leqslant HI < 2$ | $HI \geqslant 2$ |

# 2.5　作物生产潜力计算

　　作物生产潜力是指一个地区的作物在理想的环境下所能达到的最高理论产
量。按照作物生产不同的限制条件,可将作物生产潜力划分为不同的层次。光温
生产潜力是指在水分、土壤肥力、农业技术措施等条件适宜的情况下,由当地辐射
和温度决定的作物最大产量;气候生产潜力是指土壤肥力、农业技术措施等条件适
宜的情况下,由辐射、温度、水分等气候因素决定的作物最大产量(李世奎 等,
1988)。由于水分条件可以通过灌溉等人工方式进行改善,而光照和温度则较难改
变(Alves et al.,2000),因此一般把光温生产潜力作为一个地区的作物产量上限
(曹云者 等,2008)。作物生产潜力是直接基于气候环境条件下作物的产量表现,
也是评价作物生长气候适宜性的直接指标。

　　本书计算作物生产潜力主要应用的方法包括 FAO 农业生态区域法、作物模型
方法和层次递减法。

## 2.5.1　FAO 生态区域法

　　农业生态区域法是 1977 年由尼日利亚的 A. H. Kassam(Doorenbos et al.,

1979;石玉林 等,1992;陈百明,1996)提出的较早应用于土地人口承载力研究的方法,是根据荷兰学者 de Wit 的概念建立起来的。1976—1983 年,该方法在非洲、西南亚、东南亚、南美洲、中美洲五大区 117 个发展中国家得到应用和推广。该方法比较全面地考虑了影响作物生育的多个气候因素,所用的参数可以根据作物的特点进行调整,在国际上得到普遍认可和广泛应用(曲曼丽 等,1992),计算方法如下:

$$\begin{cases} Y_{mp} = L_C \cdot N_C \cdot H_C \cdot G[F(0.8 + 0.01Y_m)y_0 + (1-F)(0.5 + 0.025Y_m)y_c], Y_m \geqslant 20 \\ Y_{mp} = L_C \cdot N_C \cdot H_C \cdot G[F(0.5 + 0.025Y_m)y_0 + (1-F)(0.5Y_m)y_c], Y_m < 20 \end{cases}$$

$$(2.18)$$

式中:$Y_{mp}$ 为光温生产力(kg·hm$^{-2}$);$Y_m$ 为干物质生产率(kg·hm$^{-2}$·h$^{-1}$);$L_C$ 为作物生育时间和叶面积校正系数;$N_C$ 为净干物质订正系数;$H_C$ 为收获指数订正系数;$G$ 为作物总生长期(d);$y_c$ 为全晴天时干物质生产量(kg·hm$^{-2}$·d$^{-1}$);$y_0$ 为全阴天时干物质生产量(kg·hm$^{-2}$·d$^{-1}$);$F$ 为生育期间白天天空云量覆盖度,具体计算公式如下:

$$F = (R_{sc} - 0.5R_s)/0.8R_{sc} \qquad (2.19)$$

式中:$R_{sc}$ 是晴天最大有效射入短波辐射(J·cm$^{-2}$·d$^{-1}$);$R_s$ 是实测射入短波辐射(J·cm$^{-2}$·d$^{-1}$),计算公式如下:

$$R_s = \left(0.25 + 0.5\frac{n}{N}\right)R_a \qquad (2.20)$$

式中:$R_a$ 为大气上界的太阳辐射量(J·cm$^{-2}$·d$^{-1}$);$n/N$ 为日照百分率(%);$N$ 为可照时数(h);$n$ 为实测日照时数(h)。

### 2.5.2　作物模型法

本章主要利用两个模型:APSIM 和 ORYZA2000。

农业生产系统模型(Agricultural Production System Simulator,APSIM)是澳大利亚系列作物模型的总称,是由澳大利亚联邦科工组织和昆士兰州政府的农业生产系统研究组(APARU)联合开发的农业系统模拟模型(McCown et al.,1996;Keating et al.,2003)。该模型由模拟农业系统中生物和物理过程的生物物理模块、发展用户定义模拟过程的管理措施和控制模拟过程的管理模块、各种调用模拟过程"进出"数据的模块及驱动模拟过程和控制传递到不同模拟信息模型的中心引擎四部分组成(Probert et al.,1998)。APSIM 模型以"日"(d)为时间步长,模拟大麦、小麦、玉米、棉花、麻、油菜、花生、甘蔗、豆类作物等不同层次的作物生产潜力。目前,该模型系统已在世界各地得到了广泛应用(Asseng et al.,1998,2000,2001;Wang et al.,2003;孙宁 等,2005;Lilley et al.,2007)。

ORYZA2000 水稻模型是 ORYZA 系列模型的最新版本。ORYZA 系列水稻模型是由国际水稻研究所与荷兰瓦赫宁恩大学(Wageningen University)联合研制的水稻生长模拟模型。从 20 世纪 90 年代中期至今,ORYZA 系列模型已有诸多版本,2001 年,Bouman 等(2001)将之前各版本模型装配在一起并完善形成了 ORYZA 系列模型最新版本 ORYZA2000。

作物模型能够细致地量化描述作物基本生理生态过程,将"作物-土壤-气候"作为一个整体,以"日"(d)为时间步长,较为精确地描述光、温、水等因素对作物生长发育动态和不同层次作物产量潜力的影响,较经验模型法精确性高,可以综合考虑不同气候因素、土壤、品种及栽培管理措施对作物生产潜力的影响。

### 2.5.3　层次递减法

层次递减法也称为逐级订正法,最早可追溯到 20 世纪 60 年代,气象学家竺可桢(1964)首先从气候学角度阐述了气候对生产力的影响,随后黄秉维(1985)提出了光合潜力的概念,他综合了国内外的研究成果,全面考虑了作物群体对太阳能的利用、反射、吸收、转化、消耗等多种因素,并对 Loomis 等(1963)所提出的光合潜力计算公式进行了修改,得到了简化的光合潜力计算式,在此基础上,我国众多学者从不同角度提出了温度、水分等订正函数(于沪宁 等,1982;侯光良 等,1985;孙惠南,1985)。该方法根据作物生育期的光截获量、作物光能利用率和经济系数计算得到作物的光合生产潜力;在此基础上再进行温度的订正,得到光温生产潜力;在光温生产潜力的基础上做水分订正,得到光温水生产潜力;如有需要,还可以在光温水生产潜力的基础上继续订正,得到光温水土生产潜力等,公式(孙惠南,1985;谷冬艳 等,2007)表述如下:

$$
\begin{aligned}
YG &= Q \cdot f(Q) \cdot f(T) \cdot f(W) \cdot f(S) \cdot f(M) \\
&= YQ \cdot f(T) \cdot f(W) \cdot f(S) \cdot f(M) \\
&= YT \cdot f(W) \cdot f(S) \cdot f(M) \\
&= YW \cdot f(S) \cdot f(M) \\
&= YS \cdot f(M)
\end{aligned}
\tag{2.21}
$$

式中:$YG$ 为作物生产潜力(kg·hm$^{-2}$);$Q$ 为太阳总辐射(cal·cm$^{-2}$);$f(Q)$ 为光合有效系数;$YQ$ 为光合生产潜力(kg·hm$^{-2}$);$f(T)$ 为温度有效系数;$YT$ 为光温生产潜力(kg·hm$^{-2}$);$f(W)$ 为水分有效系数;$YW$ 为气候生产潜力(kg·hm$^{-2}$);$f(S)$ 为土壤有效系数;$YS$ 为土地生产潜力(kg·hm$^{-2}$);$f(M)$ 为社会有效系数。

逐级订正法从光合作用与其环境条件相互关系出发,物理意义清晰,计算结果可用于生产力时空分布比较,且可以对作物进行各发育阶段的计算,其难点在于参数的选取及各级订正函数的确定(王素艳 等,2003)。

# 参 考 文 献

北京农业大学农业气象专业农业气候教学组.1987.农业气候.北京:农业出版社:80-82,
158-160.

曹云者,刘宏,王中义,等.2008.基于作物生长模拟模型的河北省玉米生产潜力研究.农业环境
科学学报,**27**(2):826-832.

陈百明.1996.土地资源学概论.北京:中国环境科学出版社:203-207.

陈端生,龚绍先.1990.农业气象灾害.北京:北京农业大学出版社:89-90.

陈凤,蔡焕杰,王健,等.2006.杨凌地区冬小麦和夏玉米蒸发蒸腾和作物系数的确定.农业工程
学报,**22**(5):191-193.

崔读昌,曹广才,张文,等.1991.中国小麦气候生态区划.贵州:贵州科技出版社:63.

崔读昌.1999.关于冻害、寒害、冷害和霜冻.中国农业气象,**20**(1):56-57.

杜尧东,李春梅.2006.广东省香蕉与荔枝寒害致灾因子和综合气候指标研究.生态学杂志,**25**
(2):225-230.

谷冬艳,刘建国,杨忠渠,等.2007.作物生产潜力模型研究进展.干旱地区农业研究,**25**(5):
89-94.

国家气象中心,等.2009.农业干旱等级(报批稿).

韩湘玲.1991.作物生态学.北京:气象出版社:144-145.

韩湘玲.1999.农业气候学.太原:山西科学技术出版社:30,90-93.

侯光良,刘充芬.1985.我国气候生产潜力及其分区.自然资源,**19**(3):52-59.

黄秉维.1985.中国农业生产潜力——光合潜力.地理集刊(17).北京:科学出版社.

江爱良.1960.论我国热带亚热带气候带的划分.地理学报.**26**(2):104-109.

李世奎,侯光良,欧阳海.1988.中国农业气候资源和农业气候区划.北京:科学出版社.

刘汉中.1990.普通农业气象学.北京:北京农业大学出版社:56-57.

刘巽浩,陈阜.2005.中国农作制.北京:中国农业出版社:95-98.

刘巽浩,韩湘玲,等.1987.中国的多熟种植.北京:北京农业大学出版社:28-30.

刘巽浩,牟正国.1993.中国耕作制度.北京:农业出版社:1.

刘钰,Pereira L S,Texeira J L.1997.参照腾发量的新定义及计算方法对比.水利学报,(6):
27-33.

刘钰,Pereira L S.2000.对FAO推荐的作物系数计算方法的验证.农业工程学报,**16**(5):26-30.

刘站东,段爱旺,肖俊夫,等.2007.旱作物生育期有效降水量计算模式研究进展.灌溉排水学报,
**26**(3):27-34.

龙斯玉.1983.我国小麦气候生产力的地理分布.南京大学学报:自然科学版,(3):579-587.

邱宝剑.1993.关于中国热带的北界.地理科学,**13**(4):297-306.

曲曼丽.1991.农业气候实习指导.北京:北京农业大学出版社:1-8,21-24,50-62.

曲曼丽,王恩利,孟兆华,等.1992.黄淮海地区粮棉作物生产力的研究.华北农学报,**7**(3):
104-109.

全国农业区划委员会.1991.中国农业自然资源与农业区划.北京:农业出版社.

沈瑱,曾燕,肖卉,等.2007.江苏省日照时数的气候特征分析.气象科学,(4):425-429.

石玉林,等.1992.中国土地资源的人口承载能力研究.北京:中国科学技术出版社:9-10.

孙惠南.1985.自然地理学中的农业生产潜力研究及我国生产潜力的分布特征:地理集刊.北京:
    科学出版社.

孙宁,冯利平.2005.利用冬小麦作物生长模型对产量气候风险的评估.农业工程学报,21(2):
    106-110.

王素艳,霍治国,李世奎,等.2003.中国北方冬小麦的水分亏缺与气候生产潜力——近 40 年来
    的动态变化研究.自然灾害学报,12(1):121-129.

杨镇.2007.东北玉米.北京:中国农业出版社:41-43.

于沪宁,赵丰收.1982.光热资源和农作物的光热生产潜力.气象学报,40(3):327-334.

中国农业科学院.1999.中国农业气象学.北京:中国农业出版社:57,319.

中国气象局.2007.香蕉、荔枝寒害等级.北京:气象出版社.

中国气象科学研究院,吉林省气象台.2009.QX/T 101—2009 水稻、玉米冷害等级.北京:气象出
    版社.

朱景武,袁金锋,尚学灵.1994.吉林省旱田灌溉降雨有效利用率探讨.吉林水利,(12):16-18.

竺可桢.1958.中国的亚热带.科学通报,17:524-527.

竺可桢.1964.论我国气候的几个特点及其与粮食作物的关系.地理学报,30(1):1-13.

Allen R G,Luis S P,Rase D,et al.1998. Crop evapotranspiration guidelines for computing crop
    water requirements. Rome. *FAO Irrigation and Drainage Paper*,**56**:15-86.

Alves H M R,Nortcliff S. 2000. Assessing potential production of maize using simulation models
    for land evaluation in Brazil [J]. *Soil Use and Management*,**16**(1):49-55.

Asseng S,Dunin F X,Fillery I R P,et al. 2001. Potential deep drainage under wheat crops in a
    Mediterranean climate I. Temporal and spatial variability. *Aust J Agric Res*,**52**(1): 57-66.

Asseng S,Fillery I R P,Anderson G C,et al. 1998. Use of the APSIM wheat model to predict
    yield,drainage,and NO₃-leaching for a deep sand. *J Agric Res*,**49**(3): 363-377.

Asseng S,Keulen H V,Stol W,et al. 2000. Performance and application of the APSIM wheat
    model in the Netherlands. *Eur J Agron*,**2**(1): 37-54.

Bouman B A M,Kropff M J,Tuong T P,et al. 2001. ORYZA2000:Modeling Lowland Rice.
    International Rice Research Institute,Los Baños,Philippines,and Wageningen University
    and Research Centre,Wageningen,Netherlands.

Doorenbos J,Kassam A H. 1979. Yield Responde to Water. FAO Irrigation and Drainage Pa-
    per. No. 33. Rome:Food and Agriculture Organization of the United Nations.

Keating B A,Carberry P S,Hammer G L,et al. 2003. An overview of APSIM, a model de-
    signed for farming systems simulation. *European Journal of Agronomy*,**18**(3-4):
    267-288.

Lilley J M,Kirkegaard J A. 2007. Seasonal variation in the value of subsoil water to wheat:
    Simulation studies in southern New South Wales. *Australian Journal of Agricultural Re-*

search，**58**(12)：1115-1128.

Loomis R S，Williams W A. 1963. Maxmum crop production：An estimate. *Crop Science*，**3**：67-72.

McCown R L，Hammer G L，Hargreaves J N G，*et al*. 1996. APSIM：A novel software system for model development，model testing，and simulation in agricultural systems research. *Agricultural Systems*，**50**(3)：255-271.

Probert M E，Carberry P S，Mccown R L，*et al*. 1998. Simulation of legume-cereal systems using APSIM. *Aust J Agric Res*，**49**(3)：317.

Wang E L，van Oosterom E，Meinke H，*et al*. 2003. The New APSIM-Wheat Model-Performance and Future Improvements//Unkovich M，O'Leary G. Proceedings of the 11th Australian Agronomy Conference. Geelong，Victoria：Australian Society of Agronomy.

# 第3章 气候变化背景下
# 中国农业气候资源变化特征

## 3.1 全球气候变化的事实

### 3.1.1 全球气候变化特征

气候系统是由大气圈、水圈、冰冻圈、岩石圈和生物圈组成的复杂系统,各圈层之间发生着明显的相互作用(图3.1)。在自身动力学和外部强迫(如火山爆发、太阳变化、人类活动引起的大气成分变化和土地利用变化)作用下,气候系统随时间不断发生渐变与突变,而且具有不同时空尺度的变化与变率(月、季节、年际、年代际、百年、甚至更长时间尺度的气候变率与振荡)(秦大河 等,2012)

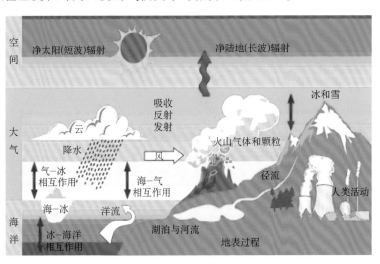

图 3.1 气候系统及其各圈层的相互作用
(引自秦大河 等,2012)

"气候变化"指除了在相应时期内观测到的气候自然变率之外,因人类活动直接或间接改变地球大气组成而造成的气候变化(IPCC,2007)。

政府间气候变化专门委员会(Intergovernmental Panel on Climate Change, IPCC)第四次评估报告指出,全球变暖是不争的事实,1906—2005 年百年之间,全

球地表平均温度上升了0.74 ℃,其中近 50 年的线性增暖趋势[0.13 ℃ · (10a)⁻¹]
几乎是近 100 年的两倍。根据全球地表温度器测资料,1850 年以来最暖的 12 个年
份中有 11 个年份出现在 1995—2006 年(1996 年除外)(IPCC,2007)。

　　气候系统在多种时空尺度已发生变化,1961 年以来已观测到全球海洋温度的
增加已延伸到至少 3 000 m 深度,海洋已经并正在吸收 80%以上气候系统增加的
热量,引发海水膨胀,并造成海平面上升,20 世纪全球海平面上升 0.17 m。1961—
2003 年,全球平均海平面上升的速率为 1.8 mm · a⁻¹,1993—2003 年,全球平均海
平面上升速率增加为 3.1 mm · a⁻¹。全球大部分地区的积雪退缩,特别是在春季
和夏季;近 40 年北半球积雪逐月退缩(除 11—12 月外),在 20 世纪 80 年代变化明
显。1978 年以来的卫星资料显示,北极年平均海冰面积以每 10 年 2.7%的速率退
缩,而较大幅度的退缩出现在夏季,为每 10 年 7.4%。北极多年冻土层顶部温度普
遍上升(高达 3 ℃)。自 1900 年以来,北半球季节冻土的最大面积减少了约 7%,春
季减少高达 15%(IPCC,2007),见图 3.2。

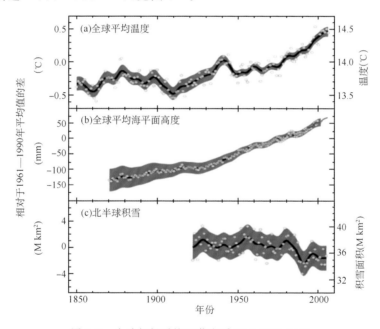

图 3.2　全球气候系统显著变暖(引自 IPCC,2007)

　　由于缺乏海洋资料,无法统计全球年平均降水的变化趋势。对陆地降水的相关
研究表明:1900—2005 年间,在诸多地区观测到降水量存在长期趋势。观测到降水量
显著增加的地区包括北美和南美东部、欧洲北部、亚洲北部和中部,其中北半球中高
纬度地区降水增加明显,30°～85°N 地区平均增幅 7%～12%,且以秋、冬季节增加最
为显著,南半球的 0°～55°S可能增加 2%左右;降水量减少的地区包括萨赫勒、地中海、

非洲南部、亚洲南部部分地区。降水的时空变化很大,且在某些地区缺少观测资料。

温室气体浓度不断增加,自 1750 年以来,由于人类活动的影响,全球大气中 $CO_2$、$CH_4$ 和 $N_2O$ 浓度已显著增加,目前已经远远超出了根据冰芯记录得到的工业化前几千年中的浓度值,见图 3.3。全球大气 $CO_2$ 浓度已从工业化前的约280 ml·$m^{-3}$,增加到了 2005 年的379 ml·$m^{-3}$,这已远超过近 650 千年以来的自然变化(180~330 ml·$m^{-3}$),其在近 10 年(1995—2005 年)中的增长速率远高于近 35 年(1960—2005 年)有连续直接观测记录以来的数值。全球大气中 $CH_4$ 浓度值已从工业化前约 715 $\mu l$·$m^{-3}$,增加到 2005 年的 1 774 $\mu l$·$m^{-3}$,$CH_4$ 浓度远超出 650 千年以来浓度的自然变化范围(320~790 $\mu l$·$m^{-3}$),观测到的 $CH_4$ 浓度的增加很可能源于人类活动,主要是农业和化石燃料的使用。全球大气中 $N_2O$ 浓度值已从工业化前的约 270 $\mu l$·$m^{-3}$,增加到 2005 年的 319 $\mu l$·$m^{-3}$,人为 $N_2O$ 排放主要来自于农业(IPCC,2007)。

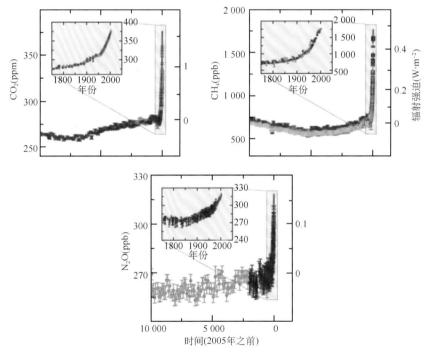

图 3.3　最近 1 万年(大图)和公元 1750 年(嵌入图)以来大气 $CO_2$、
$CH_4$ 和 $N_2O$ 浓度的变化(IPCC,2007)

注:图中所示测量值分别源于冰芯(不同颜色表示不同研究结果)和大气样本(红线),大图右侧纵坐标为所对应的辐射强迫值。

---

　*　ppm(百万分之一)或 ppb(十亿分之一),是温室气体分子数目与干燥空气总分子数目之比,下同。

极端天气气候事件增加,自 20 世纪 70 年代以来,在更大范围地区,尤其是在热带和副热带,观测到了强度更强、持续时间更长的干旱。大多数陆地上的强降水事件发生频率有所上升,近 50 年来冷昼、冷夜和霜冻的发生频率已减小,而热昼、热夜和热浪的发生频率已增加。近 50 年来热带台风和飓风每年的个数没有明显的变化趋势,但从 20 世纪 70 年代以来全球呈现出热带台风和飓风强度增大的趋势,强台风发生的数量在增加,尤其在北太平洋、印度洋与西南太平洋增加最为显著。强台风出现的频率,由 20 世纪 70 年代初的不到 20%,增加到 21 世纪初的 35% 以上(IPCC,2007)。

## 3.1.2　中国气候变化特征

我国的气候变化与全球气候变化趋势基本一致,也存在着明显的差别。在全球变暖背景下,百年尺度上我国的陆地表面气温明显增加,升温幅度(0.5～0.8 ℃)比同期全球升温幅度[(0.6±0.2)℃]略高(秦大河 等,2005;丁一汇 等,2006)。1880—2008 年,我国地表年平均气温呈显著上升趋势,并伴随明显的年代际变化特征,与全球变化不同的是,20 世纪 30—40 年代和 80 年代以后增加非常明显,为主要的偏暖阶段,见图 3.4(《第二次气候变化国家评估报告》编写委员会,2011)。

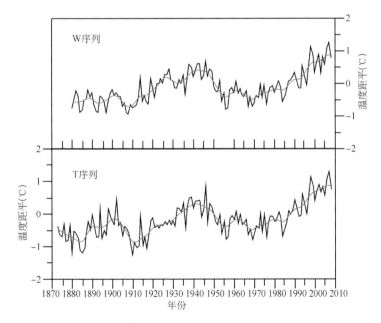

图 3.4　1873—2008 年我国年平均温度距平(相对于 1971—2000 年)

注:橙色线为低频滤波值。引自《第二次气候变化国家评估报告》编写委员会,2011

与全球及北半球温度变化平均状况相同,我国近 100 年的增温也主要发生在冬季和春季,夏季气温变化不明显,见图 3.5。

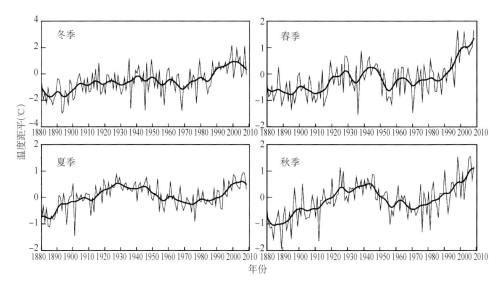

图 3.5　1880—2008 年我国东部四季温度距平(相对于 1971—2000 年)

注:粗线为低频滤波值。引自《第二次气候变化国家评估报告》编写委员会,2011

1880 年以来,我国降水无明显的趋势性变化,但是存在 20～30 年尺度的年代际振荡,见图 3.6。

近 60 年我国年降水量略有减少,而华北地区夏季降水减少趋势明显,体现了夏季风的减弱。我国降水具有明显的区域性与季节性,降水量受局部地形因素的影响显著,且受地形因子的影响是相对的。我国降水量主要受季风的影响,各地区降水量的影响因素随季节不同而不同。春季,我国降水主要集中在东南沿海区域,此外,喜马拉雅山东段南翼及昆仑山西北部地区降水量也普遍偏多。夏季,由于夏季风鼎盛,我国降水量普遍增加。除西北内陆地区降水量略低之外,其他地区从大兴安岭到雅鲁藏布江下游以东的东南半壁地区平均降水量都在 100 mm 以上。秋季,夏季风南撤,我国西北半壁平均降水量约为 28 mm。秋季降水量较多的地区为西南地区及南部沿海地区。冬季,由于冬季风鼎盛,大部分地区降水量全年最少。降水量相对较多的地区为东南沿海地区,见图 3.7(赵娜 等,2013)。

1956—2008 年降水趋势系数表现为中国西部地区降水普遍增加,中国东部从黄河流域到东北呈减少趋势,中国东部的长江流域以及华南地区降水为增加趋势,见图 3.8。

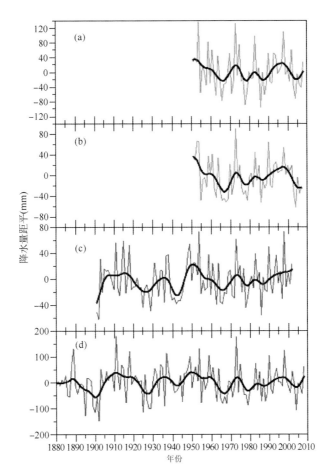

图 3.6 1880—2008 年我国年降水量距平(相对于 1971—2000 年)

注:粗线为低频滤波值。(a)NCC160 序列;(b)R2200 序列;(c)CRU 序列;
(d)W71 序列。引自《第二次气候变化国家评估报告》编写委员会,2011

  自 1950 年以来,我国大部分地区冰川面积缩小了 10% 以上,90 年代以来退缩加速,已导致干旱区内陆河流的径流显著增加,但也存在冰湖溃决等灾害的潜在风险。温度升高,多年冻土的面积减小。青藏高原由于多年冻土退化每年释放的水量估计达 50 亿~110 亿 m³。20 世纪后半叶以来,青藏高原积雪深度稳定增加,但 21 世纪以来大幅减少,新疆北部最大积雪深度显著增加,东北—内蒙古地区积雪深度虽无明显变化,但 20 世纪 90 年代以来波动加大。20 世纪 50 年代以来,渤海和黄海北部海冰、北方河流和湖泊结冰日数及冰的厚度均呈减小趋势(《第二次气候变化国家评估报告》编写委员会,2011)。

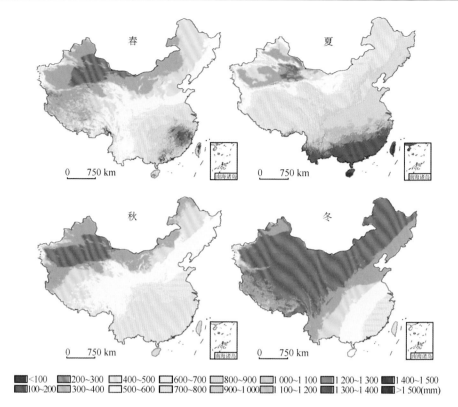

图 3.7　1951—2010 年我国季平均降水空间分布(赵娜 等,2013)

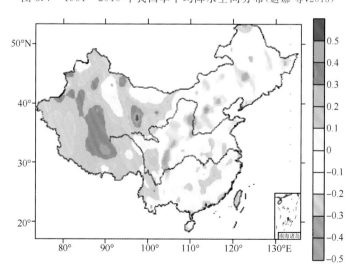

图 3.8　1956—2008 年我国降水变化趋势系数(正值和负值分别表示增加和减少)
(引自《第二次气候变化国家评估报告》编写委员会,2011)

过去 100 年间,我国海平面上升了 20～30 cm,平均每年上升 2.5 mm。据《2012 年中国海平面公报》报道,1980—2012 年近 30 年来,我国沿海海平面变化总体呈波动上升趋势,沿海海平面上升约 0.09 m,上升速率为 2.9 mm·a$^{-1}$,高于全球平均水平(1.8 mm·a$^{-1}$)。

1960 年以来,东亚夏季阻塞高压有增强的趋势,副热带高压与南亚高压亦有增强,冬、夏季风则均减弱。1950 年以来我国地面总辐射量减少。1950 年以来,我国的高温、低温、强降水、干旱、台风、大雾、沙尘暴等极端天气气候事件的频率和强度变化存在区域差异。强降水事件在长江中下游、东南和西部地区有所增多、增强,全国范围的小雨频率明显减少。全国干旱面积呈增加趋势,其中华北和东北地区较为明显。冷夜、冷昼和寒潮、霜冻日数减少,暖夜、暖昼日数增加。登陆台风频数下降,带来的降水量明显减少。全国大雾日数略减,东部霾日明显增加。北方地区沙尘暴频率总体显著减少(《第二次气候变化国家评估报告》编写委员会,2011)。

## 3.2　中国农业气候资源变化特征

气候变化背景下,我国的光、热、水等农业气候资源也将随之变化,农业气候资源变化直接影响到种植度和作物布局。明确全国及各区域作物生长季内的光、热、水农业气候资源动态变化及空间分布特征,探讨我国农业气候资源的区域差异性,评估各区域的农业气候资源变化,对我国种植制度区划和作物结构调整及各区域粮食作物应对气候变化战略等具有重要的理论与实际指导意义。

前人在我国农业气候资源研究方面做了大量工作,研究范围涉及农业气候资源的分布、利用和评价(郭建平 等,2002;林孝松,2004;陈海 等,2006),以及全年、四季不同时间尺度的光、温、水资源的变化特征分析等内容(丁一汇 等,1994;叶瑾琳 等,1998;王绍武 等;2002;任国玉 等,2005)。但至今未见基于同一个时间段,采用相同指标,分析喜凉及喜温作物生长季内农业气候资源变化特征的研究。

我们利用我国 558 个气象站点 1961—2007 年地面观测资料,比较分析 1961—1980 年(时段 Ⅰ)和 1981—2007 年(时段 Ⅱ)两个时段,全国及各区域喜温作物和喜凉作物生长期内光、温、水时空变化特征,明确全球气候变化背景下,我国农业气候资源变化的总体演变特征(杨晓光 等,2011)。

### 3.2.1　作物生长季内热量资源变化特征分析

(1)年平均气温变化特征

图 3.9 为 1961—2007 年我国年平均气温、≥0 ℃积温及≥10 ℃积温的气候倾向率分布。由图 3.9(a)可以看出:1961—2007 年,我国年平均气温的气候倾向率

在 $-0.20\sim0.79$ ℃·$(10a)^{-1}$ 之间,全国平均为 $0.28$ ℃·$(10a)^{-1}$,总体表现为增加趋势;从空间来看,年平均气温增加趋势通过 $\alpha=0.05$ 和 $\alpha=0.01$ 显著性检验的站数占研究区域总站数的比例分别为 $6.5\%$ 和 $86.7\%$;在全国尺度上,年平均气温的气候倾向率呈现由南向北逐步增加的分布特征,其中,气候倾向率的负值区在四川省,说明在过去 47 年中,四川省年平均气温呈下降趋势。全国年平均气温的气候倾向率均值线[$0.28$ ℃·$(10a)^{-1}$]在西藏的隆子—青海的清水河—四川的若尔盖—青海的西宁—甘肃的长武—山西的阳泉—山东的泰山—安徽的滁县—浙江的嵊县(现在的嵊州市)一带,该线以南的区域年平均气温增速总体低于全国平均水平,该线以北的区域年平均气温增速总体高于全国平均水平;年平均气温增速最大的区域[$>0.40$ ℃·$(10a)^{-1}$]为黑龙江的佳木斯—吉林的四平—内蒙古的巴林左旗—河北的保定—宁夏的盐池—内蒙古的阿拉善、额济纳旗一线以北地区,以及新疆北部边缘地区和青海的大柴旦、德令哈和格尔木一带。比较各区域的平均气候倾向率,1961—2007 年期间,年平均气温增幅最大的是东北地区[$0.38$ ℃·$(10a)^{-1}$],其次依次为西北地区、华北地区、长江中下游地区、华南地区,增幅最小

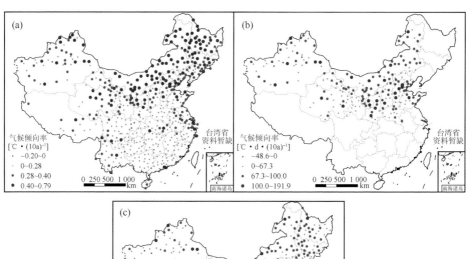

图 3.9　1961—2007 年我国年平均气温(a)、$\geqslant0$ ℃积温(b)及
$\geqslant10$ ℃积温(c)的气候倾向率分布

的是西南地区,增幅仅为 0.19 ℃·(10a)$^{-1}$。

比较我国及六大区域热量资源变化特征(表3.1)。从表3.1可以看出,全国范围内,与时段Ⅰ相比,时段Ⅱ年平均气温增加了 0.6 ℃。六大区域年平均气温均明显增加,其中增加最大的区域是东北地区,增加 0.9 ℃,其次分别为西北地区,增加 0.8 ℃,华北地区,增加 0.6 ℃;而西南地区、长江中下游地区和华南地区的年平均气温增加值均为 0.4 ℃。从两个时段的增减率来看,六大区域之间差异明显,时段Ⅱ东北地区年平均气温较时段Ⅰ增加 20.0%,而华南地区仅增加 1.9%。由此可看出,与时段Ⅰ相比,时段Ⅱ东北地区的年平均气温增加值和增加速率均为最大。

表 3.1 全国各区域热量资源时段Ⅱ与时段Ⅰ的差值及增减率

| 气候要素 | 项目 | 西南 | 长江中下游 | 华南 | 西北 | 华北 | 东北 | 全国 |
|---|---|---|---|---|---|---|---|---|
| 年平均气温 | 差值(℃) | 0.4 | 0.4 | 0.4 | 0.8 | 0.6 | 0.9 | 0.6 |
| | 增减率(%) | 2.9 | 2.5 | 1.9 | 14.3 | 5.6 | 20.0 | 5.5 |
| ≥0 ℃积温 | 差值(℃·d) | — | — | — | 129.2 | 108.3 | — | 123.3 |
| | 增减率(%) | — | — | — | 4.1 | 2.5 | — | 3.5 |
| ≥10 ℃积温 | 差值(℃·d) | 100.9 | 123.5 | 178.2 | 114.3 | 127.1 | 141.2 | 125.9 |
| | 增减率(%) | 2.6 | 2.4 | 2.5 | 4.4 | 3.2 | 5.0 | 3.2 |

注:增减率"+"为增加,"−"为减少,"—"表示没有该对应项的数值。

(2)喜凉作物生长季内≥0 ℃积温变化特征分析

从图 3.9(b)中可以看出:1961—2007 年,我国喜凉作物生长季内≥0 ℃积温的气候倾向率在 −48.6～191.9 ℃·d·(10a)$^{-1}$之间,平均为 67.5 ℃·d·(10a)$^{-1}$,表明全国喜凉作物生长季内≥0 ℃积温总体呈增加趋势,其中增加幅度通过 $\alpha=0.05$ 和 $\alpha=0.01$ 显著性检验的站点分别占研究区域总站点数的 4.3% 和 86.6%;喜凉作物生长季内≥0 ℃积温的气候倾向率高于全国平均值的区域包括内蒙古、宁夏、北京、天津、河北和陕西6省(市、区)的大部地区,以及新疆的北部边缘、山东东部和北部、山西东北部和西南部,而气候倾向率低于全国平均值的区域包括青海、新疆、甘肃和河南4省(区)的大部地区,以及山东中部和南部、山西和陕西两省的东南部。各区域比较而言,1961—2007 年,西北地区和华北地区≥0 ℃积温的平均增幅差异很小,二者分别为 67.2 和 67.6 ℃·d·(10a)$^{-1}$。

从表3.1可以看出,与时段Ⅰ相比,时段Ⅱ我国喜凉作物生长季内≥0 ℃积温平均增加了 123.3 ℃·d,其中西北地区增加了 129.2 ℃·d,而华北地区的增加值较西北地区少20.9 ℃·d,其增加幅度较西北地区低 1.6 个百分点。

(3)喜温作物生长季内≥10 ℃积温变化特征

从图 3.9(c)可以看出:1961—2007 年我国喜温作物生长季内≥10 ℃积温的气候倾向率为 −74.2～289.5 ℃·d·(10a)$^{-1}$,平均为 67.3 ℃·d·(10a)$^{-1}$,总体呈

增加趋势,其中增加幅度通过 α=0.05 和 α=0.01 显著性水平检验的站点数分别占全国总站点数的 16.1% 和 59.0%;≥10 ℃ 积温增速最大的区域包括我国东部和南部的沿海一带,以及云南省南部地区,除此之外,≥10 ℃ 积温的气候倾向率高于全国平均值的区域还有内蒙古、北京、天津、河北、山西、陕西、宁夏 7 省(市、区),以及黑龙江、吉林西部、山东东部和北部;而西南地区大部,长江中下游地区的湖南省和江西省,华北地区的河南省和山东省西南部地区,东北地区的东半部,以及西北地区大部等区域的≥10 ℃ 积温增幅相对较小。从各区域≥10 ℃ 积温平均气候倾向率来看,1961—2007 年,≥10 ℃ 积温增幅最大的是华南地区,为每 10 年增加 98.1 ℃·d,其他依次为长江中下游、华北、东北、西北地区,增幅最小的是西南地区,每 10 年增加 54.7 ℃·d。

从表 3.1 可以看出,与时段 I 相比,时段 II 全国喜温作物生长季内≥10 ℃ 积温增加了 125.9 ℃·d,其中,华南地区的增加值最大,达 178.2 ℃·d,而增加值最小的为西南地区,仅 100.9 ℃·d,其余区域在 114.3~141.2 ℃·d 之间。但从积温的增减率来看,各区域在 2.4%~5.0% 之间,相比而言,区域之间差异比较小。

综上所述,1961—2007 年,热量资源年平均气温、≥0 ℃ 和≥10 ℃ 积温总体均呈增加趋势,三者增幅最大的区域分别是东北地区、华北地区和华南地区,年平均气温和≥10 ℃ 积温增幅最小的区域均为西南地区。

## 3.2.2　日照时数变化特征分析

(1)年日照时数变化特征分析

图 3.10 为 1961—2007 年我国年日照时数、喜凉作物生长期内日照时数及喜温作物生长期内日照时数的气候倾向率分布。从图 3.10(a)中可以看出:1961—2007 年,全国年日照时数的气候倾向率为 −196.0~149.2 h·(10a)$^{-1}$,平均值为 −45.2 h·(10a)$^{-1}$;全国 82.7% 的站点的年日照时数气候倾向率呈减少趋势,其中,减少趋势通过 α=0.05 和 α=0.01 显著性检验的站点数分别占全国总站点数的 9.7% 和 51.3%;日照时数减少最明显[<−80 h·(10a)$^{-1}$]的区域主要包括北京、天津、河北、山西、山东、河南、安徽和浙江 8 个省(市)的大部地区,以及湖北中部、江苏西部、江西东部和福建西南部地区;日照时数呈增加趋势的区域主要有新疆的塔什库尔、乌恰、皮山、民丰,青海的五道梁,西藏的申扎和狮泉河一带,内蒙古的拐子湖、阿拉善右旗、阿尔山和博克图一带,宁夏的固原,四川的若尔盖,青海的清水河,甘肃的临洮,以及黑龙江的漠河、孙吴。从各区域年日照时数的平均气候倾向率来看,1961—2007 年,各区域的年日照时数均表现为减少趋势,其中华北地区的减幅最大,平均每 10 年减少 86.0 h,其他依次为长江中下游、华南、东北、西南和西北地区。

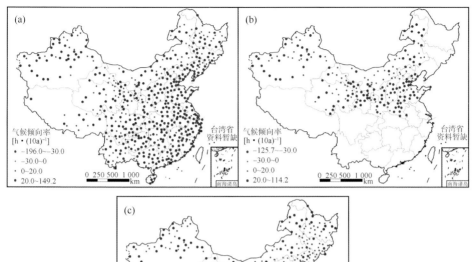

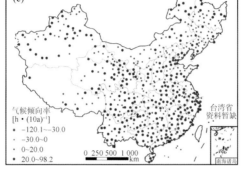

图 3.10　1961—2007 年我国年日照时数(a)、喜凉作物生长期内日照时数(b)及
喜温作物生长期内日照时数(c)的气候倾向率分布

　　从表 3.2 可以看出,与时段 Ⅰ 相比,时段 Ⅱ 我国年日照时数减少了 125.7 h,各
区域均表现出明显的减少趋势,其中华北地区和长江中下游地区减少了 199.0 h
以上,西北地区仅减少了 66.6 h,其余地区减少范围在 93.9~159.1 h 之间。从增
减率来看,长江中下游地区减幅最大,减少了 10.3%,其次为华南地区减少了
8.5% 和华北地区减少了 7.7%。

表 3.2　全国各区域日照时数时段 Ⅱ 与时段 Ⅰ 的差值及增减率

| 时间尺度 | 项目 | 西南 | 长江中下游 | 华南 | 西北 | 华北 | 东北 | 全国 |
|---|---|---|---|---|---|---|---|---|
| 全年 | 差值(h) | −93.9 | −199.1 | −159.1 | −66.6 | −199.6 | −115.2 | −125.7 |
| | 增减率(%) | −5.0 | −10.3 | −8.5 | −2.3 | −7.7 | −4.4 | −5.3 |
| 喜凉作物 生长期 | 差值(h) | — | — | — | 2.0 | −117.8 | — | −32.2 |
| | 增减率(%) | — | — | — | 0.1 | −6.1 | — | −1.7 |
| 喜温作物 生长期 | 差值(h) | −46.9 | −114.6 | −115.5 | 2.1 | −88.2 | −25.3 | −53.6 |
| | 增减率(%) | −4.4 | −8.1 | −6.8 | 0.2 | −5.9 | −2.1 | −4.1 |

　　注:增减率"＋"为增加,"－"为减少,"—"表示没有该对应项的数值。

（2）喜凉作物生长期内日照时数变化特征分析

由图 3.10(b)可以看出:1961—2007 年,我国喜凉作物生长期内日照时数的气候倾向率在－125.7～114.2 h·$(10a)^{-1}$ 之间,平均为－4.1 h·$(10a)^{-1}$,总体呈减少趋势;全国喜凉作物生长期内日照时数的减少趋势通过 $\alpha=0.05$ 和 $\alpha=0.01$ 显著性检验的站点数分别占全国总站点数的 6.5% 和 16.5%,而其增加趋势通过 $\alpha=0.05$ 和 $\alpha=0.01$ 显著性检验的站点数分别占全国总站点数的 5.6% 和 15.2%;喜凉作物种植区域内有 51.1% 的站点的日照时数表现为减少趋势,主要包括北京、天津、河北、河南、山西、山东 6 个省(市、区),陕西南部和内蒙古的局部地区,以及新疆的温泉、若羌、库米什和轮台一带,其中河北的遵化、山西的五寨、河南的信阳和山东的莒县一带的减少趋势在 30 h·$(10a)^{-1}$ 以上;全国喜凉作物生长期内日照时数呈增加趋势的区域包括青海、内蒙古、甘肃、宁夏 4 个省(区)的大部地区,陕西中部地区,以及新疆的西部和东部地区。从各区域的平均气候倾向率来看,1961—2007 年,喜凉作物生长期内日照时数在华北地区呈减少趋势,平均每 10 年减少42.4 h,而西北地区呈增加趋势,平均每 10 年增加 11.2 h。

分析喜凉作物生长期内日照时数的变化特征。从表 3-2 可以看出,与时段 I 相比,时段 II 我国喜凉作物生长期内日照时数平均减少了 32.2 h,六大区域特征不同,华北地区呈现明显的减少趋势,平均减少了 117.8 h,约占时段 I 的 6.1%,而西北地区呈略微增加的趋势,平均增加了 2.0 h,约占时段 I 的 0.1%。

（3）喜温作物生长期内日照时数变化特征分析

由图 3.10(c)可以看出:1961—2007 年,我国喜温作物生长期内日照时数的气候倾向率在－120.1～98.2 h·$(10a)^{-1}$ 之间,平均为－13.4 h·$(10a)^{-1}$,其分布特征总体表现为我国北部和西北部地区的日照时数呈增加趋势,而南部和东南部地区呈减少趋势,其中:减少趋势能通过 $\alpha=0.05$ 和 $\alpha=0.01$ 显著性检验的站点数分别占全国总站点数的 6.8% 和 23.8%,增加趋势能通过 $\alpha=0.05$ 和 $\alpha=0.01$ 显著性水平检验的站点数分别占全国总站点数的 5.9% 和 6.1%。气候倾向率的零值线有两条,一条总体呈东北—西南走向,即自黑龙江省的富裕起,经过吉林的通化、内蒙古的扎鲁特旗、呼和浩特、惠农,陕西的华山,甘肃的长武,四川的马尔康、盐源,止于云南的维西和江城一带,该线以东大部区域的日照时数每 10 年减少 30.0 h 以上;另一条总体呈闭合形式,其闭合区内包括新疆的阿合奇、莎车、冷湖、富蕴和巴音布鲁一带,日照时数呈减少趋势。日照时数增加最明显[>20.0 h·$(10a)^{-1}$]的区域主要为新疆的塔什库尔、乌恰、民丰和西藏的狮泉河一带,青海的大柴旦、囊谦和西藏的索县一带,四川的郎木寺、宁夏的固原、内蒙古的拐子湖、甘肃的临洮和青海的兴海一带,云南的保山、思茅和瑞丽一带,内蒙古的阿尔山、额尔古纳及黑龙江的呼玛和孙吴一带。从各区域的平均气候倾向率来看,1961—2007 年,喜温作物生长期内日照时数除在西北地区表现为增加趋势外,其余区域均表现为减少趋势,其中华南地区的减幅最大(每 10 年减少 37.6 h),其次分别为长江中下游、华北、西南和东北地区。

喜温作物生长期内日照时数的变化特征从表 3.2 可以看出,与时段 I 相比,时段 II 全国喜温作物生长期内日照时数减少了 53.6 h,所有区域中,除了西北地区略微增加了 2.1 h 外,其余地区均有不同程度的减少;华南地区和长江中下游地区的减幅最大,约在 115.0 h 左右,华北地区、西南地区和东北地区的减幅在 25.3～88.2 h 之间。时段 II 与时段 I 相比,喜温作物生长期内日照时数的增减率明显小于全年日照时数的变化,其增减率在 -8.1%～0.2% 之间。

总体来看,研究时段内年日照时数、喜凉作物生长期内日照时数和喜温作物生长期内日照时数总体均表现为减少趋势,平均减幅最大的是年日照时数,其次为喜温作物生长期内日照时数和喜凉作物生长期内日照时数。比较各区域日照时数变化趋势可以看出,华北地区的年日照时数和喜凉作物生长期内日照时数的减幅最大,华南地区在喜温作物生长期内日照时数的减幅最大,而西北地区在喜凉和喜温作物生长期内的日照时数均呈增加趋势。

## 3.2.3　降水量变化特征

(1)年降水量变化特征分析

图 3.11 为 1961—2007 年我国年降水量、喜凉作物生长期内降水量及喜温作物生长期内降水量的气候倾向率分布。由图 3.11(a)可以看出:研究时段内,全国年降水量平均气候倾向率为 $-1.5$ mm·$(10a)^{-1}$,其中变化趋势不显著的站点数占全国总站点数的 87.5%。气候倾向率的最大值出现在福建的东山,为 88.2 mm·$(10a)^{-1}$;最小值出现在四川的峨眉山,为 $-75.9$ mm·$(10a)^{-1}$。全国年降水量的气候倾向率总体表现为由中部一线的负趋势逐渐变为向东、向西的正趋势。气候倾向率的零值线主要有东、西两条:东部的零值线北起内蒙古的满都拉,经内蒙古的吉兰太、甘肃的景泰、青海的达日、四川的康定、云南的玉溪一线,南至云南的临沧;西部的零值线起于江苏的东台,经过河南的郑州、湖北的枣阳、湖南的邵阳、贵州的榕江、广西的蒙山一线,止于广东的台山,介于东、西两条零值线间区域内的年降水量呈减少趋势,气候倾向率小于零,在此之外的区域基本都大于零。年降水量增幅最大[$>20.0$ mm·$(10a)^{-1}$]的区域主要包括海南省南部,江苏、浙江、福建和广东 4 省的沿海一带,以及江西省北部地区。而年降水量减幅最明显[$<-20.0$ mm·$(10a)^{-1}$]的区域主要包括甘肃的华家岭、四川的雅安、云南的泸西、贵州的遵义和四川的巴中一带,山东的日照、山西的临汾、陕西的华山和绥德、河北的保定和秦皇岛一带,以及辽宁的营口、庄河和大连一带。从六大区域的年降水量平均气候倾向率来看,1961—2007 年,年降水量表现为增加趋势的只有

华南地区和长江中下游地区,其余地区的年降水量均呈减少趋势,其中减幅最大的是华北地区[$-18.1\ \mathrm{mm}\cdot(10a)^{-1}$],其次分别为东北、西南和西北地区。

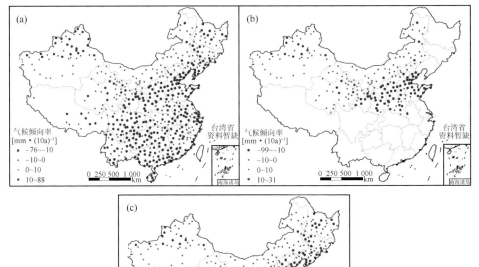

图 3.11　1961—2007 年我国年降水量(a)、喜凉作物生长期内降水量(b)及
喜温作物生长期内降水量(c)的气候倾向率分布

全年及喜温和喜凉作物生长期内的降水量变化特征分析从表 3.3 可以看出,与时段 Ⅰ 相比,时段 Ⅱ 全国年降水量增加了 3.1 mm,但六大区域之间的变化趋势

表 3.3　全国各区域降水资源时段 Ⅱ 与时段 Ⅰ 的差值及增减率

| 时间尺度 | 项目 | 西南 | 长江中下游 | 华南 | 西北 | 华北 | 东北 | 中国 |
|---|---|---|---|---|---|---|---|---|
| 全年 | 差值(mm) | −13.7 | 46.6 | 22.8 | 3.7 | −50.8 | 2.4 | 3.1 |
| | 增减率(%) | −1.4 | 3.7 | 1.4 | 1.4 | −7.9 | 0.4 | 0.4 |
| 喜凉作物 生长期 | 差值(mm) | — | — | — | 2.0 | −39.5 | — | −9.9 |
| | 增减率(%) | — | — | — | 0.8 | −7.7 | — | −3.0 |
| 喜温作物 生长期 | 差值(mm) | −13.6 | 16.6 | 6.6 | 6.0 | −35.5 | 6.1 | −0.6 |
| | 增减率(%) | −1.6 | 1.6 | 0.4 | 3.4 | −7.6 | 1.2 | −0.1 |

注:增减率"+"为增加,"−"为减少,"—"表示没有该对应项的数值。

不同:长江中下游、华南、西北和东北地区的年降水量为增加趋势;而华北和西南地区的年降水量为减少趋势。年降水量增加最多的是长江中下游地区,增加了46.6 mm,即 3.7%,而减少幅度最大的是华北地区,减少了 50.8 mm,即 7.9%。

(2)喜凉作物生长期内降水量变化特征分析

从图 3.11(b)可以看出:1961—2007 年,全国喜凉作物生长期内降水量气候倾向率在 $-99.0 \sim 30.5$ mm·$(10a)^{-1}$ 之间,平均为 $-6.0$ mm·$(10a)^{-1}$,其中57.6%的站点表现为减少趋势,仅有 5.2% 和 1.3% 的站点的减少趋势分别通过 $\alpha=0.05$ 和 $\alpha=0.01$ 的显著性检验,6.1% 和 5.2% 的站点的增加趋势分别通过 $\alpha=0.05$ 和 $\alpha=0.01$ 的显著性检验。喜凉作物生长期内降水量气候倾向率的零值线为内蒙古的乌拉特后、吉兰太、甘肃的景泰,以及青海的恰卜恰和杂多一带,该线以西地区的降水量大多呈增加趋势,而以东地区降水量大多呈减少趋势;而河南的开封和南阳一线降水量的气候倾向率也等于零,该线以南的河南省东南部地区的降水量呈增加趋势。降水量减少的高值区[$<-6.0$ mm·$(10a)^{-1}$]主要包括甘肃省南部、陕西、山西、河北和山东 4 省的大部地区,以及河南省的西北部地区;降水量增幅较大[$>5.0$ mm·$(10a)^{-1}$]的区域主要包括新疆北部、河南省东南部、青海的德令哈、玛多、西宁,以及甘肃的永昌一带。从各区域的平均气候倾向率来看,1961—2007 年,西北和华北地区的喜凉作物生长期降水量均表现为减少趋势,其中华北地区每 10 年减少 18.2 mm。

从表 3.3 可以看出,与时段 Ⅰ 相比,时段 Ⅱ 全国喜凉作物生长期内降水量减少了 9.9 mm,其中华北地区和西北地区的变化相反,华北地区减少了 39.5 mm,其增减率为 $-7.7\%$,而西北地区增加了 2.0 mm,其增减率为 0.8%。

(3)喜温作物生长期内降水量变化特征分析

由图 3.11(c)可以看出:全国喜温作物生长期内降水量的气候倾向率在 $-102.1 \sim 95.5$ mm·$(10a)^{-1}$ 之间,平均值为 $-2.1$ mm·$(10a)^{-1}$,其分布特征与年降水量非常相似,即由中部一线的减少趋势逐渐变为向东、向西的增加趋势,但其气候倾向率零值线整体较年降水量向东南方向移动。全国有 63.2% 的站点的降水量表现为不同程度的减少趋势,但大部分站点的变化趋势不显著,仅有11.5% 的站点的变化趋势通过显著性检验。喜温作物生长期内降水量气候倾向率的高值区[$>10.0$ mm·$(10a)^{-1}$]主要包括西藏的东部地区、云南和四川两省的西部地区、海南省南部地区、江苏、浙江、福建和广东 4 省的沿海一带,以及安徽的安庆、江西的修水、湖南的长沙和郴州、江西的南城一带。而低值区[$<-10.0$ mm·$(10a)^{-1}$]主要分为两个区域:一个是南方地区的广西和贵州两省(区)大部、四川省东部、湖南省西部、湖北省西南部等地区;另一个是北方的河北、北京和天津 3 省(市)的大部、山东的泰山、龙口和日照一带、辽宁的阜新、大连和桓仁一带、陕西省

北部,以及山西省南部地区。从各区域的平均气候倾向率来看,1961—2007 年,喜温作物生长期内降水量增加的区域有华南、长江中下游和西北地区,而华北、东北和西南地区的喜温作物生长期内降水量呈减少趋势。

从表 3.3 可以看出,与时段Ⅰ相比,时段Ⅱ全国喜温作物生长期内降水量减少了 0.6 mm,但六大区域间差异明显:喜温作物生长期内降水量增加最大的区域是长江中下游地区,增加了 16.6 mm,其次分别为华南、西北和东北地区;而减少最多的是华北地区,减少了 35.5 mm,其次为西南地区。除华北地区的变幅较大,达 —7.6%外。

综上可知,研究时段内全年降水量、喜凉作物生长期和喜温作物生长期内降水量总体均表现为减少趋势,但减幅较小,减幅通过显著性检验的站点数占研究区域总站点数的比例依次为 12.5%、6.5%和 11.5%。平均减幅最大的是喜凉作物生长期内降水量,其次为喜温作物生长期内降水量和年降水量。从区域分布来看,华北地区的年降水量、喜凉和喜温作物生长期内降水量的减幅均为最大,而华南和长江中下游地区的年降水量和喜温作物生长期内降水量均呈增加趋势。

### 3.2.4　全国及各区域农业气候资源变化趋势总体评价

汇总全国及各区域农业气候资源变化趋势见表 3.4。从表 3.4 可以看出,就全年平均状况而言,我国气候变化总体表现为暖干趋势。就各区域而言,气候变化表现为暖干趋势的地区包括西南、华北和东北地区,其中,华北地区呈暖干趋势的台站比高达 85.4%;西北、长江中下游和华南地区表现为暖湿趋势,其中,长江中下游地区呈暖湿趋势的台站比高达 74.4%。喜凉作物生长期内,华北地区表现为暖干趋势,其呈暖干趋势的台站比高达 82.9%,西北地区总体呈暖湿趋势。喜温作物

表 3.4　1961—2007 年我国各区域气候变化趋势及暖干趋势、暖湿趋势的台站比

| 时间尺度 | 项目 | 西南 | 长江中下游 | 华南 | 西北 | 华北 | 东北 | 全国 |
|---|---|---|---|---|---|---|---|---|
| 全年 | 总趋势 | 暖干 | 暖湿 | 暖湿 | 暖湿 | 暖干 | 暖干 | 暖干 |
| | 暖干台站比(%) | 53.0 | 24.4 | 39.4 | 34.8 | 85.4 | 76.1 | 50.9 |
| | 暖湿台站比(%) | 40.0 | 74.4 | 60.6 | 64.4 | 14.6 | 23.9 | 47.5 |
| 喜凉作物生长期 | 总趋势 | — | — | — | 暖湿 | 暖干 | — | 暖干 |
| | 暖干台站比(%) | — | — | — | 38.6 | 82.9 | — | 57.6 |
| | 暖湿台站比(%) | — | — | — | 58.3 | 17.1 | — | 40.7 |
| 喜温作物生长期 | 总趋势 | 暖干 | 暖湿 | 暖湿 | 暖湿 | 暖干 | 暖干 | 暖干 |
| | 暖干台站比(%) | 42.0 | 37.8 | 40.9 | 30.3 | 84.1 | 77.3 | 50.2 |
| | 暖湿台站比(%) | 44.0 | 62.2 | 59.1 | 64.4 | 15.9 | 22.7 | 46.1 |

生长期内,我国的气候变化总体表现为暖干趋势,有 280 个研究站点呈暖干趋势;就各区域而言,西南、华北和东北地区的气候变化表现为暖干趋势,其中,华北地区呈暖干趋势的台站比高达 84.1%,而长江中下游、西北和华南地区则表现为暖湿趋势,其中,长江中下游地区呈暖湿趋势的台站比高达 62.2%。

综合以上分析,可以看出,1951—2007 年间我国的年平均气温、喜凉作物生长期≥0 ℃积温和喜温作物生长期内≥10 ℃积温总体增加,而全年、喜凉和喜温作物生长期内的降水量、日照时数和参考作物蒸散量均呈减少趋势。所有农业气候要素区域间变化趋势差异均非常明显,这些变化必将对我国各区域的农业结构、种植制度和作物产量等产生一定影响。

# 3.3 中国各区域农业气候资源变化特征

本书 3.2 节分析了气候变化背景下全国光、热、水农业气候资源变化特征,本节我们细致刻画和比较全年、喜凉作物生长期内和喜温作物生长期内各区域的光、温、水农业气候资源变化特征,为第 4 章和第 5 章种植制度界限及作物种植界限变化分析提供基础。本节的分区标准与全书有所差异,主要参照全国种植制度区划,结合自然区划和行政区,将全国分为六大区域:东北、黄淮海、西北、长江中下游、华南及西南地区。黄淮海地区主要指黄淮海水浇地两熟旱地两熟一熟区,具体范围见本书 2.2 节描述。西北地区包括青藏高原喜凉作物一熟轮歇区和西北干旱灌溉温凉作物一熟区,具体范围见本书 2.2 节描述。其他区域范围同本书 2.2 节。本节所有图表中的数据均引自如下文献:刘志娟 等,2009,2011;马洁华 等,2010;徐华军 等,2011;徐超 等,2011;李勇 等,2010a,2010b;代姝玮 等,2011。

## 3.3.1 各区域全年光、温、水资源变化特征比较

(1)各区域年平均气温和气候倾向率

各区域年平均气温见表 3.5,年平均气温气候倾向率见图 3.12。

表 3.5 1961—2007 年各区域年平均气温比较 单位:℃

| 时段 | 项目 | 东北 | 黄淮海 | 西北 | 长江中下游 | 华南 | 西南 |
|---|---|---|---|---|---|---|---|
| I | 最低值 | −1.9 | 2.8 | −5.6 | 11.4 | 15.1 | −1.6 |
| | 最高值 | 10.3 | 15.4 | 15.8 | 19.5 | 25.5 | 23.7 |
| | 平均值 | 4.7 | 11.3 | 5.5 | 16.3 | 20.9 | 12.9 |
| II | 最低值 | −0.1 | 3.6 | −5.1 | 11.7 | 15.4 | −1.0 |
| | 最高值 | 11.3 | 15.8 | 15.7 | 19.6 | 26.2 | 23.9 |
| | 平均值 | 5.6 | 12.0 | 6.3 | 16.7 | 21.3 | 13.2 |

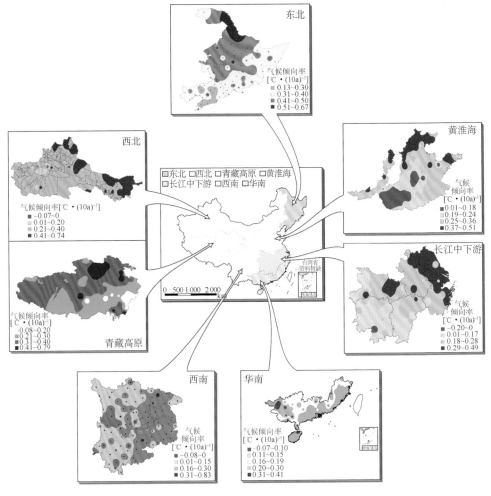

图 3.12　1961—2007 年区域年平均气温气候倾向率

(图中白色部分为未分析地区,下同)

　　从表 5.5 和图 3.12 可以看出,1961—1980 年,东北三省年平均气温在－1.9～10.3 ℃之间,平均为 4.7 ℃;1981—2007 年在－0.1～11.3 ℃之间,平均为 5.6 ℃,时段Ⅱ的年平均气温的平均值比时段Ⅰ升高了 0.9 ℃,最低值出现在黑龙江呼玛,最高值出现在辽宁的庄河。从年平均气温的气候倾向率来看,1961—2007 年东北三省年平均气温气候倾向率的变化范围在 0.13～0.67 ℃·(10a)⁻¹之间,平均为 0.38 ℃·(10a)⁻¹,表明研究时段内东北三省年平均气温总体呈升高的趋势,总体表现为东北的西部地区高于东北的东部地区,北部地区高于南部地区,最大值出现在黑龙江的孙吴附近,最小值为辽宁省东南部的沿海地区。

　　黄淮海地区年平均气温特征为:1961—1980 年时段Ⅰ的年平均气温在 2.8～

15.4 ℃之间,平均为 11.3 ℃;1981—2007 年年平均气温为 3.6~15.8 ℃,平均为
12.0 ℃,时段Ⅱ的年平均气温的平均值比时段Ⅰ升高了约 0.7 ℃,最低值出现在
河北的张北,最高值为河南的固始。从年平均气温的气候倾向率来看,1961—2007
年,黄淮海地区的年平均气温的气候倾向率的变化范围在 0.01~0.51 ℃ •
(10a)$^{-1}$之间,总体呈升高的趋势,尤以河北省西北部、山东的烟台、青岛,汾渭盆地
的西安和太原的积温增加趋势最明显,河南省西部和北部地区增温幅度较小,低于
0.18 ℃ • (10a)$^{-1}$。

　　西北地区 1961—1980 年(时段Ⅰ)的年平均气温在 −5.6~15.8 ℃之间,平均
为 5.5 ℃;1981—2007 年(时段Ⅱ)为 −5.1~15.7 ℃,平均为 6.3 ℃,时段Ⅱ的年
平均气温的平均值比时段Ⅰ升高了约 0.8 ℃。从年平均气温的气候倾向率来看,
1961—2007 年,西北干旱区的年平均气温的气候倾向率的变化范围在 −0.07~
0.74 ℃ • (10a)$^{-1}$之间,平均每 10 年上升0.35 ℃,大部分地区呈升高趋势,其中河
套地区、阿拉善盟东部、宁夏平原和北疆北部气温升幅较快,新疆地区的临河、七角
井和富蕴的气候倾向率超过 0.7 ℃ • (10a)$^{-1}$,新疆中部库车地区的气温则呈略微
降低趋势。青藏高原干旱半干旱区的年平均气温的气候倾向率的变化范围在
0.08~0.79 ℃ • (10a)$^{-1}$之间,呈由东南向西北递增的升高趋势,西北半部的平均
升温幅度大于东南半部的平均升温幅度达 2 倍左右,其高值区[0.40~0.79 ℃ •
(10a)$^{-1}$]主要位于青海省北部的大柴旦、德令哈市、都兰和格尔木。

　　长江中下游地区 1961—1980 年(时段Ⅰ)的年平均气温在 11.4~19.5 ℃之
间,平均为 16.3 ℃;1981—2007 年(时段Ⅱ)为 11.7~19.6 ℃,平均为 16.7 ℃,时
段Ⅱ的年平均气温的平均值比时段Ⅰ升高了约 0.4 ℃。从年平均气温的气候倾向
率来看,1961—2007 年,长江中下游地区的年平均气温总体呈升高趋势(湖南省零
陵除外)。该区年平均气温的气候倾向率的变化范围为 −0.20~0.49 ℃ •
(10a)$^{-1}$,高值区[0.28~0.49 ℃ • (10a)$^{-1}$]主要位于长江三角洲地区(江苏、上海
和浙江省的东南沿海地区)及湖北省的武汉、麻城、天门、嘉鱼。

　　华南地区 1961—1980 年(时段Ⅰ)的年平均气温为 15.1~25.5 ℃,平均为
20.9 ℃;1981—2007 年(时段Ⅱ)为 15.4~26.2 ℃,平均为 21.3 ℃,时段Ⅱ的年
均气温平均值比时段Ⅰ升高了约 0.4 ℃,最低值出现在福建的屏南,最高值位于海
南三亚。从年平均气温的气候倾向率来看,研究区域 1961—2007 年的增温率达
−0.07~0.41 ℃ • (10a)$^{-1}$,平均为 0.20 ℃ • (10a)$^{-1}$,表明研究时段内该区域年
平均气温呈升高趋势。华南地区年平均气温的气候倾向率由东南向西北递减,广
西大部、广东省北部、福建省北部和西部地区为增温不显著区域,平均增温率为
0.13 ℃ • (10a)$^{-1}$;海南省、广东省大部和福建省中部地区为增温显著区域,平均
增温率为 0.25 ℃ • (10a)$^{-1}$。

西南地区 1961—1980 年(时段Ⅰ)的年平均气温为 −1.6～23.7 ℃,平均为 12.9 ℃;1981—2007 年(时段Ⅱ)为 −1.0～23.9 ℃,平均为 13.2 ℃,时段Ⅱ的年平均气温的平均值比时段Ⅰ升高了约 0.3 ℃,其中最低值升高了 0.6 ℃。1961—2007 年间,全区年平均气温气候倾向率为 −0.08～0.83 ℃ · $(10a)^{-1}$,平均为 0.18 ℃ · $(10a)^{-1}$,约 94% 的站点呈升温趋势,总体呈明显的经向带状分布,西部高于东部,南北差异不大。年平均气温气候倾向率低值区[<0.15 ℃ · $(10a)^{-1}$]主要分布在贵州和重庆两省(市)的大部地区、四川和云南两省的东部地区,最低值出现在四川的巴中;高值区[≥0.30 ℃ · $(10a)^{-1}$]主要分布在四川省西南部和云南省部分地区,最高值出现在四川的木里。

(2)各区域全年日照时数气候倾向率

各区域的全年日照时数见表 3.6,全年日照时数的气候倾向率见图 3.13,由图表可以看出:

表 3.6　1961—2007 年各区域全年日照时数比较　　　　　　单位:h

| 时段 | 项目 | 东北 | 华北 | 西北 | 长江中下游 | 华南 | 西南 |
|---|---|---|---|---|---|---|---|
| Ⅰ | 最低值 | 2 247.6 | 2 005.2 | 1 811.4 | 1 220.5 | 1 391.6 | 1 051.2 |
|  | 最高值 | 2 995.7 | 3 048.5 | 3 575.9 | 2 642.9 | 2 633.9 | 3 420.7 |
|  | 平均值 | 2 629.0 | 2 597.3 | 2 882.4 | 1 939.1 | 1 877.3 | 1 882.3 |
| Ⅱ | 最低值 | 2 175.6 | 1 801.7 | 1 598.4 | 1 134.3 | 1 220.3 | 858.3 |
|  | 最高值 | 2 914.4 | 2 951.0 | 3 460.7 | 2 385.4 | 2 552.7 | 3 581.0 |
|  | 平均值 | 2 513.8 | 2 397.8 | 2 815.8 | 1 740.0 | 1 718.2 | 1 784.6 |

1961—1980 年,东北三省年日照时数在 2 247.6～2 995.7 h 之间,平均为 2 629.0 h;1981—2007 年为 2 175.6～2 914.4 h,平均值为 2 513.8 h,时段Ⅱ的年日照时数的平均值比时段Ⅰ下降了约 115.2 h,全区高于 2 800 h 的站点仅为吉林白城。从年日照时数的气候倾向率来看,1961—2007 年整个东北三省的年日照时数均呈明显的下降趋势,全区仅有黑龙江的孙吴以及嫩江以北地区的年日照时数气候倾向率为正值,其他地区均在 −170～0 h · $(10a)^{-1}$ 之间,其中,松嫩平原东部、吉林省中西部平原、辽河平原西部日照时数的减少较明显,且高值区范围不断缩小,低值区不断向西北推进。

1961—1980 年,黄淮海地区年日照时数为 2 005.2～3 048.5 h,平均为 2 597.3 h;1981—2007 年为 1 801.7～2 951.0 h,平均为 2 397.8 h。时段Ⅱ的年日照时数的平均值比时段Ⅰ下降了约 199.5 h。从年日照时数的气候倾向率来看,1961—2007 年黄淮海地区的年日照时数呈明显的下降趋势,全区仅有陕西华山的年日照时数倾向率为正值,其他地区均在 0～−196 h · $(10a)^{-1}$ 之间,其中,天津、河北的沧州、廊坊、石家庄,以及河南的郑州、南阳、安阳和西华一带的年日照时数的减少趋势最为明显,为 $-196 \sim -115\ \mathrm{h} \cdot (10a)^{-1}$。

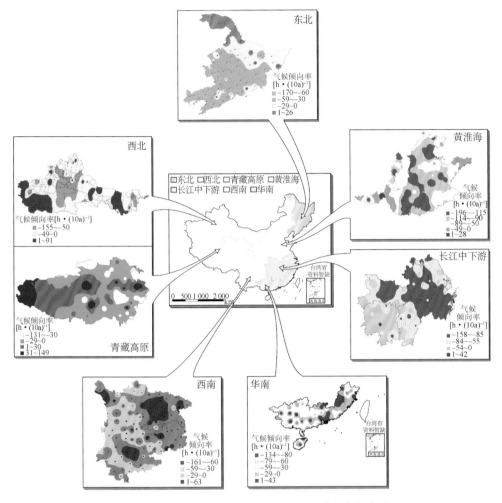

图 3.13　1961—2007 年各区域年日照时数气候倾向率

　　1961—1980 年,西北地区年日照时数为 1 811.4 ～ 3 575.9 h,平均为 2 882.4 h;1981—2007 年为 1 598.4 ～ 3 460.7 h,平均为 2 815.8 h。时段 Ⅱ 的年日照时数的平均值比时段 Ⅰ 略有降低。从年日照时数的气候倾向率来看,1961— 2007 年西北干旱区的年日照时数总体呈明显下降趋势,其气候倾向率为 $-155 \sim$ $91\ \mathrm{h} \cdot (10a)^{-1}$,仅新疆南部及河西走廊西部、东部和北部地区的年日照时数呈升高趋势。与时段 Ⅰ 相比,研究区时段 Ⅱ 年日照时数 $\geqslant 3\ 000\ \mathrm{h}$ 区域的西界向东缩减 1.3 个经度,东界向西缩减 3.2 个经度,面积减少了 20.6 万 $\mathrm{km}^2$;时段 Ⅱ 年日照时数为 2 800 ～ 3 000 h 区域的西界最大向东缩减达 4.6 个经度,东界未呈条带变化。

1961—2007 年青藏高原干旱半干旱区的年日照时数倾向率变化范围为−131～149 h·(10a)$^{-1}$,该区年日照时数总体上呈减少趋势(约 62％的站点呈减少趋势)。

1961—1980 年,长江中下游地区年日照时数为 1 220.5～2 642.9 h,平均为 1 939.1 h;1981—2007 年为 1 134.3～2 385.4 h,平均为 1 740.0 h,时段Ⅱ的年平均气温的平均值比时段Ⅰ降低了约 199.1 h。从年日照时数的气候倾向率来看,1961—2007 年,长江中下游地区的年日照时数总体呈降低趋势,只有 2 个站点(大陈、邵阳)呈增加趋势;该区年日照时数倾向率的变化范围为−158～42 h·(10a)$^{-1}$,降低幅度较大的区域[−158～−85 h·(10a)$^{-1}$]主要位于安徽省、浙江省、湖北省中部和江西省的东北部。

1961—1980 年,华南地区年日照时数为 1 391.6～2 633.9 h,平均为 1 877.3 h;1981—2007 年为 1 220.3～2 552.7 h,平均为 1 718.2 h。时段Ⅱ的年日照时数的平均值比时段Ⅰ下降了约 159.1 h。1961—2007 年,华南地区年日照时数平均每 10 年减少 57 h,仅有琼中、琼海、三亚和陵水年日照时数的气候倾向率为正,其余站点均在−30～−134 h·(10a)$^{-1}$之间。其中,福建的长汀、平潭、崇武和上杭一带,广东的增城、高要和台山一带,海南的海口,以及广西的玉林和来宾一线年日照时数的减少趋势最明显。研究时段内,华南地区年日照时数高值区(≥1 800 h)缩小,低值区(≤1 600 h)向东南方向扩大。与 1961—1980 年相比,1981—2007 年年日照时数≤1 600 h 的区域向南移动了 1.66 个纬度、向东移动了 2.74 个经度,面积增加了 14.0 万 km$^2$;1981—2007 年年日照时数≥1 800 h 的区域面积减少了 18.9 万 km$^2$,该区域平均向东退缩了 2.99 个经度,向南退缩了 1.40 个纬度。

1961—1980 年,西南地区年日照时数在 1 051.2～3 420.7 h,平均为 1 882.3 h;1981—2007 年为 858.3～3 581.0 h,平均为 1 784.6 h。时段Ⅱ的年日照时数的平均值比时段Ⅰ下降了约 97.7 h。西南地区年日照时数丰富的地区主要集中在四川省西部和云南省西北部,贵州省和重庆市的日照时数则相对较少。从年日照时数的气候倾向率来看,1961—2007 年,西南地区年日照时数平均每 10 年减少 36 h,研究区域内 81％的站点年日照时数呈减少趋势。年日照时数减幅超过 60 h·(10a)$^{-1}$的地区主要分布在四川省的东部(阆中、遂宁和宜宾等附近)、云南省中部的部分地区(楚雄、沾益和昆明等附近)和贵州省的部分地区(黔西和罗甸等附近),减幅最大值出现在云南的楚雄。年日照时数增加的地区主要集中在云南的会泽、勐腊、澜沧、保山和瑞丽及四川的理塘、若尔盖和会理等站点附近。四川的理塘、若尔盖、会理和盐源等站点既是年日照时数的高值区(≥2 200 h),也是日照时数增加的区域,因此这几个站点的日照资源更加丰富。

(3)各区域年降水量比较和气候倾向率

各区域的年降水量见表 3.7,年降水量气候倾向率见图 3.14,由图表可以看出:

表 3.7　1961—2007 年各区域年降水量比较　　　　　单位:mm

| 时段 | 项目 | 东北 | 华北 | 西北 | 长江中下游 | 华南 | 西南 |
|---|---|---|---|---|---|---|---|
| I | 最低值 | 359.4 | 375.2 | 14.4 | 769.9 | 976.4 | 72.9 |
|  | 最高值 | 1 092.2 | 1 122.9 | 921.4 | 2 010.9 | 2 858.9 | 2 244.4 |
|  | 平均值 | 598.6 | 641.8 | 269.8 | 1 274.8 | 1 644.7 | 1 001.8 |
| II | 最低值 | 368.7 | 361.2 | 14.4 | 744.3 | 953.6 | 65.9 |
|  | 最高值 | 1 064.5 | 1 110.1 | 905.0 | 2 074.1 | 2 660.6 | 2 269.4 |
|  | 平均值 | 600.9 | 591.0 | 273.4 | 1 321.5 | 1 667.6 | 987.0 |

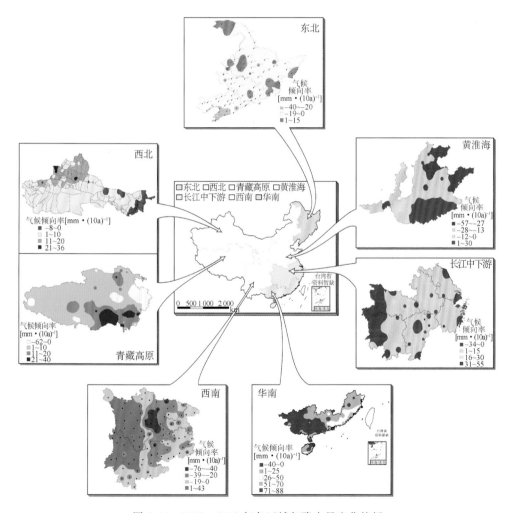

图 3.14　1961—2007 年各区域年降水量变化特征

1961—1980 年,东北三省年降水量为 359.4~1 092.2 mm,平均为 598.6 mm;1981—2007 年为 368.7~1 064.5 mm,平均为 600.9 mm,年降水量的变化趋势不明显,各地区年降水量的空间差异性较大,呈现为由西北向东南逐渐增加的趋势,高值区出现在辽宁的丹东、宽甸、桓仁和吉林的集安、通化等地,年降水量可达800 mm 以上,低值区出现在黑龙江省和吉林省西北部,年降水量均在 500 mm 以下。从年降水量的气候倾向率来看,1961—2007 年,东北三省年降水量的气候倾向率为 −40~15 mm·(10a)$^{-1}$,其中辽宁省年降水量呈减少趋势,大部分地区的减幅为 0~20 mm·(10a)$^{-1}$,吉林省除去靖宇、桦甸、延吉 3 个台站外,其他台站年降水量均呈现降低趋势,黑龙江省除虎林、绥芬河、牡丹江、克山等 10 个台站外,其他台站年降水量的减幅为 0~20 mm·(10a)$^{-1}$。

1961—1980 年,黄淮海地区年降水量为 375.2~1 122.9 mm,平均为641.8 mm;1981—2007 年为 361.2~1 110.1 mm,平均为 591.0 mm。时段 II 较时段 I 略有降低。1961—2007 年,黄淮海区域年降水量总体上呈减少趋势(81% 的站点呈减少趋势);该区域年降水量气候倾向率范围在 −56.9~30.4 mm·(10a)$^{-1}$ 之间,年降水量减幅较大[26.8~56.9 mm·(10a)$^{-1}$]的区域位于北京、天津、河北省的东北部和山东半岛地区。

1961—1980 年,西北地区年降水量为 14.4~921.4 mm,平均为 269.8 mm;1981—2007 年为 14.4~905.0 mm,平均为 273.4 mm。时段 II 较时段 I 略微增加。1961—2007 年,西北干旱区年降水量的气候倾向率为 −8~36 mm·(10a)$^{-1}$,平均为 7 mm·(10a)$^{-1}$,且变化趋势呈阶梯状分布,从西北到东南表现为由增加变为减少。年降水量减少的区域主要分布在宁夏平原和河套地区,其余地区的年降水量均呈增加趋势,增幅在 0~36 mm·(10a)$^{-1}$。

1961—2007 年,青藏高原地区年降水量气候倾向率为 −62~40 mm·(10a)$^{-1}$,总体上(约占 74% 的站点)呈增加趋势,且呈由南至北递减的分布特征;该区域年降水量增幅较大的地区主要位于西藏东南部和四川省的西北部。

1961—1980 年,长江中下游地区年降水量为 769.9~2 010.9 mm,区域平均为1 274.8 mm;1981—2007 年为 744.3~2 074.1 mm,区域平均为 1 321.5 mm,区域平均降水量时段 II 较时段 I 增加了约 46.7 mm。1961—2007 年,长江中下游地区年降水量气候倾向率为 −34~55 mm·(10a)$^{-1}$,平均为 11.1 mm·(10a)$^{-1}$,整体表现为增加趋势(约占 75% 站点)。该区域年平均降水量气候倾向率呈条带状分布特征。安徽、江苏、浙江、上海和江西大部地区及湖南、湖北的东半部地区呈增加趋势,增加较为明显[30~55 mm·(10a)$^{-1}$]的区域主要位于上海、江西省中部、浙江省的东部沿海地区。

1961—1980 年,华南地区年降水量为 976.4~2 858.9 mm,平均为 1 644.7 mm;

1981—2007 年为 953.6～2 660.6 mm,平均为 1 667.6 mm。时段 Ⅱ 较时段 Ⅰ 略微增加。两时段不同量级降水量的区域分布特征基本一致,但二者不同量级降水量所占区域面积发生了变化:年降水量≥1 800 mm 的区域面积由 1961—1980 年的 7.3 万 km² 增加到 1981—2007 年的 9.0 万 km²;与 1961—1980 年相比,1981—2007 年年降水量≤1 650 mm 的区域增加了 1.4 万 km²。从年降水量的气候倾向率来看,1961—2007 年,华南地区年降水量气候倾向率为—40～88 mm • (10a)⁻¹,平均为 7.8 mm • (10a)⁻¹,整体表现为略增加趋势。广东省中部和东部、福建省大部、海南省西部和南部地区的年降水量呈增加趋势,其中增加最明显的区域为广东的惠来、广州和汕尾一带,以及福建的上杭、东山和福鼎一带。广西大部,广东的台山、高要和信宜一带,以及海南的海口和琼中一带是年降水量减少的主要区域。

1961—1980 年,西南地区年降水量为 72.9～2 244.4 mm,平均为 1 001.8 mm;1981—2007 年为 65.9～2 269.4 mm,平均为 987.0 mm。与时段 Ⅰ 相比,时段 Ⅱ 的最低值减少了 7 mm,最高值增加了 25 mm,平均值减少了 14.8 mm。西南地区年降水量空间分布特征明显,由东南向西北逐渐减少,与全国年降水量的空间分布特征相似。西南地区年降水量变化具有明显的空间差异性,时段 Ⅱ 内高值区 (≥1 100 mm)和低值区(<700 mm)的区域面积较时段 Ⅰ 分别减少了 6.8 万和 2.1 万 km²。从年降水量的气候倾向率来看,1961—2007 年间,西南地区年降水量的气候倾向率为—76～43 mm • (10a)⁻¹,平均为—10 mm • (10a)⁻¹,整体呈减少趋势。年降水量气候倾向率的空间分布特征明显,以马尔康、小金、越西、雷波、西昌、会理、楚雄和元江一带为分界,界限以西的地区(包括四川省西部和云南省西北部)年降水量呈增加趋势,最大增幅出现在四川省理塘;界限以东的大部分地区年降水量呈减少趋势,以研究区域中部的减幅最大,东部次之,最大减幅出现在四川的峨眉山。研究区域有 51% 的站点年降水量减幅为 0～40 mm • (10a)⁻¹,减幅≥40 mm • (10a)⁻¹ 的站点主要有四川的峨眉山、宜宾、乐山、都江堰、广元、绵阳、雅安和泸州,贵州的威宁,以及云南的沾益等。47 年来四川盆地的年降水量呈减少趋势,云南省西北部和四川省西部为年降水量的低值区,同时也是气候倾向率的正值区,年降水量呈增加趋势,至于该趋势是否有利于当地的农业生产,则还需要考虑降水的有效性及其年内分布特征。四川的理塘、稻城和雷波以及云南的德钦、维西、保山、楚雄和瑞丽等站点的年降水量呈增加趋势,且年平均气温增幅均超过 0.30 ℃ • (10a)⁻¹,说明该区气候变化呈暖湿化趋势。

## 3.3.2　各区域喜凉作物生长季内光、温、水资源的变化

(1)各区域喜凉作物生长季内≥0 ℃积温和气候倾向率

各区域喜凉作物生长季内≥0 ℃积温比较见表 3.8,≥0 ℃积温气候倾向率见

图 3.15,由图表可以看出:

**表 3.8　1961—2007 年各区域喜凉作物生长季内≥0 ℃积温比较**　　　单位:℃·d

| 时段 | 项目 | 东北 | 黄淮海 | 西北 | 长江中下游 | 华南 | 西南 |
|------|------|------|--------|------|-----------|------|------|
| I | 最低值 | — | 2 564.7 | 447.3 | — | — | — |
| | 最高值 | — | 5 571.1 | 5 738.7 | — | — | — |
| | 平均值 | — | 4 401.2 | 3 171.9 | — | — | — |
| II | 最低值 | — | 2 706.0 | 511.3 | — | — | — |
| | 最高值 | — | 5 697.7 | 5 914.6 | — | — | — |
| | 平均值 | — | 4 509.5 | 3 301.2 | — | — | — |

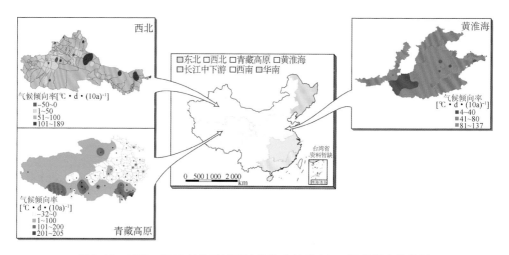

图 3.15　1961—2007 年各区域喜凉作物生长季内≥0 ℃积温变化特征

1961—1980 年,黄淮海地区喜凉作物温度生长期内≥0 ℃积温为 2 564.7~5 571.1 ℃·d,平均值为 4 401.2 ℃·d;1981—2007 年间为 2 706.0~5 697.7 ℃·d,平均为 4 509.5 ℃·d。从喜凉作物温度生长期内≥0 ℃积温的气候倾向率来看,1961—2007 年间,黄淮海地区≥0 ℃积温为 4.0~137.0 ℃·d·(10a)$^{-1}$,说明研究区域温度生长期内≥0 ℃积温总体呈升高趋势,尤以河北省西北部、山东省沿海地区、江苏省北部地区以及汾渭盆地的宝鸡、西安和太原的积温增加趋势最明显;河南省西部喜凉作物温度生长期的≥0 ℃积温气候倾向率为 4~40 ℃·d·(10a)$^{-1}$,明显低于东部的 40~80 ℃·d·(10a)$^{-1}$。

1961—1980 年,西北地区喜凉作物温度生长期内≥0 ℃积温为 447.3~5 738.7 ℃·d,平均值为 3 171.9 ℃·d;1981—2007 年间为 511.3~5 914.6 ℃·d,平均为 3 301.2 ℃·d。1961—2007 年,西北干旱区喜凉作物温度生长期内≥0 ℃

积温总体呈增加趋势,其平均气候倾向率为 67 ℃·d·(10a)$^{-1}$,但新疆的乌鲁木齐、库车、温泉和阿拉尔呈降低趋势。1961—2007 年,青藏高原干旱半干旱高寒区喜凉作物温度生长期内≥0 ℃积温为－32～205 ℃·d·(10a)$^{-1}$,大部分地区≥0 ℃积温的气候倾向率都有所增加,其中,木里增温趋势最明显,达286 ℃·d·(10a)$^{-1}$,拉萨、定日、德钦等地增温趋势也较明显,相反,青海、河南及西藏的嘉黎等地气候倾向率为负值,≥0 ℃积温呈减少趋势。

(2)各区域喜凉作物生长季内日照时数和气候倾向率

各区域喜凉作物生长季内日照时数和气候倾向率分别见表 3.9 和图 3.16,由此可以看出:

表 3.9　1961—2007 年各区域喜凉作物生长季内日照时数比较　　　　单位:h

| 时段 | 项目 | 东北 | 华北 | 西北 | 长江中下游 | 华南 | 西南 |
|---|---|---|---|---|---|---|---|
| I | 最低值 | — | 1 502.8 | 823.3 | — | — | — |
| | 最高值 | — | 2 310.6 | 2 549.8 | — | — | — |
| | 平均值 | — | 1 941.5 | 1 907.5 | — | — | — |
| II | 最低值 | — | 1 458.4 | 861.8 | — | — | — |
| | 最高值 | — | 2 202.6 | 2 511.8 | — | — | — |
| | 平均值 | — | 1 823.7 | 1 909.5 | — | — | — |

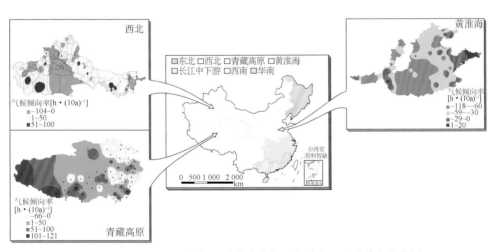

图 3.16　1961—2007 年各区域喜凉作物生长季内日照时数变化特征

1961—1980 年,黄淮海地区喜凉作物温度生长期内日照时数在 1 502.8～2 310.6 h之间,平均值为 1 941.5 h;1981—2007 年间为 1 458.4～2 202.6 h,平均值为 1 823.7 h。与时段 I 相比,时段 II 的平均值下降了约 117.8 h。从喜凉作物温度生长期内日照时数的气候倾向率来看,1961—2007年间,黄淮海地区喜凉作物温度生长期内日照时数气候倾向率为−118～20 h·(10a)$^{-1}$,且全区仅有山东省沿海地区的烟台、莱阳、海阳、龙口等8个台站喜凉作物温度生长期内日照时数气候倾向率为正值,其他地区均为负值,其中,河南省中东部,山东省西部,安徽的亳州和阜阳,天津,以及汾渭平原的大部分地区喜凉作物温度生长期内日照时数的减少较明显。1961—2007年间,黄淮海地区喜凉作物温度生长期内日照时数均呈明显的下降趋势,且高值区范围不断缩小、低值区范围不断扩大。时段Ⅰ生长期内日照时数高值区(≥2 000 h)位于河北省南部、山东省西南部以及河南省东北部部分地区,而时段Ⅱ高于2 000 h的站点仅为德州和临沂,使得高值区(≥2 000 h)的面积缩小了14万 km$^2$。

1961—1980年,西北地区喜凉作物温度生长期内日照时数为823.3～2 549.8 h,平均值为1 907.5 h;1981—2007年间为861.8～2 511.8 h,平均值为1 909.5 h。1961—2007年间,西北干旱区喜凉作物温度生长期内日照时数总体呈升高趋势,气候倾向率为11 h·(10a)$^{-1}$;但在新疆的中部、西部、东北部地区和宁夏平原东侧,喜凉作物温度生长期内的日照时数则呈降低趋势。1961—2007年,青藏高原干旱半干旱高寒区喜凉作物温度生长期内日照时数的气候倾向率以西藏西部增长最明显,拉萨地区、格尔木地区以及高原东南部分地区的气候倾向率值也较大,其中西藏的定日、四川的九龙的气候倾向率值达到100 h·(10a)$^{-1}$以上;青海祁连山两侧以及高原东部的中间区域倾向率为负值,其中日照时数减少最明显、倾向率值最小的是四川的德格,数值为−67 h·(10a)$^{-1}$。从农业气候角度来看,日照时数增加会使作物生长的光、热资源增加,光合生产潜力增大,促进植物同化产物的形成和生物量的增加。

(3)各区域喜凉作物生长季内降水量和气候倾向率

各区域喜凉作物生长季内降水量比较见表3.10,年降水量变化特征见图3.17,由图表可知:

表3.10  1961—2007年各区域喜凉作物生长季内降水量比较　　单位:mm

| 时段 | | 东北 | 黄淮海 | 西北 | 长江中下游 | 华南 | 西南 |
|---|---|---|---|---|---|---|---|
| Ⅰ | 最低值 | — | 306.8 | 11.4 | — | — | — |
| | 最高值 | | 1 076.4 | 904.8 | | | |
| | 平均值 | | 512.4 | 249.8 | | | |
| Ⅱ | 最低值 | | 300.8 | 13.2 | | | |
| | 最高值 | | 1 061.5 | 888.1 | | | |
| | 平均值 | | 472.9 | 251.7 | | | |

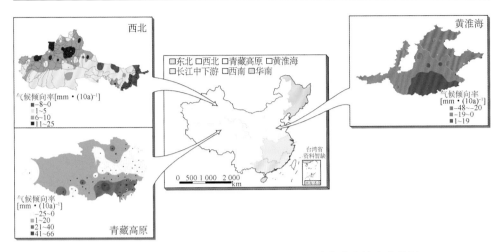

图 3.17　1961—2007 年各区域喜凉作物生长季内降水量变化特征

1961—1980 年,华北地区喜凉作物温度生长季内降水量在 306.8~1 076.4 mm 之间,平均值为 512.4 mm;1981—2007 年间在 300.8~1 061.5 mm 之间,平均值为 472.9 mm。与时段 I 相比,时段 II 的平均值下降了约 39.5 mm。从喜凉作物温度生长期内降水量的气候倾向率来看,1961—2007 年间,黄淮海地区喜凉作物温度生长期内降水量的气候倾向率为 −48~19 mm·(10a)$^{-1}$,研究区域仅有安徽省北部和河南省东南部喜凉作物温度生长期内降水量呈现增加的趋势,增幅为每 10 年增加 0~19 mm,其他地区降水量均呈现减少的趋势,且以河北省、山东省北部减少最为明显。

1961—1980 年,西北地区喜凉作物温度生长期内降水量为 11.4~904.8 mm,平均值为 249.8 mm;1981—2007 年间为 13.2~888.1 mm,平均值为 251.7 mm。从喜凉作物温度生长期内降水量的气候倾向率来看,1961—2007 年,西北干旱区喜凉作物温度生长期内降水量总体呈升高趋势,其气候倾向率为 5 mm·(10a)$^{-1}$,但宁夏平原、河套地区、河西走廊西部和阿拉善盟局部呈降低趋势。1961—2007 年,青藏高原干旱半干旱高寒区喜凉作物温度生长期内降水量气候倾向率为 −25~66 mm·(10a)$^{-1}$,其中,高原东南部降水量的气候倾向率较大,最大值在西藏的波密,为 67 mm·(10a)$^{-1}$,次高中心在四川的理塘和康定,平均每 10 年降水增量在 30 mm 以上。高原其他地区气候倾向率有正有负,变幅相对较小,其中青海、河南的倾向率为 −26 mm·(10a)$^{-1}$,是降水减少趋势最明显的地区。

### 3.3.3　各区域喜温作物生长季内光、温、水资源的变化

（1）各区域喜温作物生长季内≥10 ℃积温特征和气候倾向率

各区域喜温作物生长季内积温特征和变化趋势分别见表 3.11 和图 3.18。

**表 3.11　1961—2007 年各区域喜温作物生长季内≥10 ℃积温特征比较**　　单位：℃·d

| 时段 | 项目 | 东北 | 华北 | 西北 | 长江中下游 | 华南 | 西南 |
|------|------|------|------|------|------------|------|------|
| I | 最低值 | 1 911.3 | 1 943.3 | 2.4 | 3 195.6 | 4 478.2 | 69.0 |
| | 最高值 | 3 622.9 | 5 068.4 | 5 321.4 | 6 167.3 | 9 299.7 | 8 665.1 |
| | 平均值 | 2 819.5 | 3 945.9 | 2 569.6 | 5 129.9 | 7 049.7 | 3 950.6 |
| II | 最低值 | 2 008.1 | 2 113.0 | 12.7 | 3 299.1 | 4 591.0 | 83.2 |
| | 最高值 | 3 852.2 | 5 220.0 | 5 532.9 | 6 190.6 | 9 552.8 | 8 704.5 |
| | 平均值 | 2 960.7 | 4 073.0 | 2 683.8 | 5 253.5 | 7 227.9 | 4 053.0 |

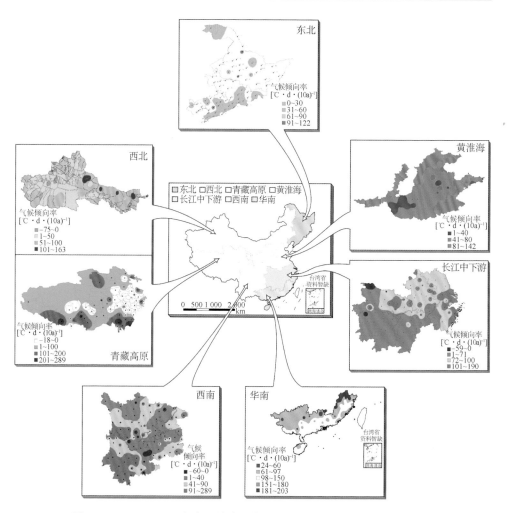

图 3.18　1961—2007 年各区域喜温作物生长季内≥10 ℃积温变化特征

1961—1980 年,东北三省喜温作物温度生长期内≥10 ℃积温为 1 911.3～3 622.9 ℃·d,平均为 2 819.5 ℃·d;1981—2007 年为 2 008.1～3 852.2 ℃·d,平均为 2 960.7 ℃·d。时段Ⅱ的喜温作物温度生长期内≥10 ℃积温的平均值比时段Ⅰ升高了约 141.2 ℃·d。从喜温作物温度生长期内≥10 ℃积温的气候倾向率来看,1961—2007 年间,东北三省≥10 ℃积温的气候倾向率为 0～122 ℃·d·(10a)$^{-1}$,说明研究区在温度生长期内的年平均积温总体呈升高趋势,且尤以黑龙江省的增加趋势最明显,这为在该区域种植对积温要求较高的作物品种提供了可能性;吉林、辽宁西北部≥10 ℃积温的气候倾向率为 60～90 ℃·d·(10a)$^{-1}$,明显高于东南部的 30～60 ℃·d·(10a)$^{-1}$。与 1961—1980 年相比,1981—2007 年研究区≥3 200 ℃·d 积温带向东北方向推移,使该积温带面积增加了 2.2 万 km$^2$;2 800～3 200 ℃·d 积温带向北推移了约 0.85°,向东推移了约 0.67°,使该积温带面积增加了 3.7 万 km$^2$;2 400～2 800 ℃·d 积温带向北推移了 1.1°,使该积温带面积增加了 2.0 万 km$^2$。温度生长期内≥10 ℃积温的增加,可使晚熟作物品种的种植界限北移,在相同栽培管理条件下可提高作物产量。

1961—1980 年,黄淮海地区喜温作物温度生长期内≥10 ℃积温为 1 943.3～5 068.4 ℃·d,平均为 3 945.9 ℃·d;1981—2007 年为 2 113.0～5 220.0 ℃·d,平均为 4 073.0 ℃·d。时段Ⅱ的平均值较时段Ⅰ略微增加。从喜温作物温度生长期内≥10 ℃积温的气候倾向率来看,1961—2007 年间,黄淮海地区喜温作物温度生长期内≥10 ℃积温的气候倾向率为 1.0～142.0 ℃·d·(10a)$^{-1}$,表明研究区域≥10 ℃积温总体呈升高趋势。喜温作物温度生长期内≥10 ℃积温气候倾向率的分布与喜凉作物温度生长期内≥0 ℃积温气候倾向率的分布特征相似。与时段Ⅰ相比,时段Ⅱ研究区域积温高值区(≥4 500 ℃·d)向北推移,且在河南省北部北移趋势最明显,平均向北移动了 1.3 个纬度,使该积温带面积增加了 10.1 万 km$^2$。

1961—1980 年,西北地区喜温作物温度生长期内≥10 ℃积温为 2.4～5 321.4 ℃·d,平均为 2 569.6 ℃·d;1981—2007 年为 12.7～5 532.9 ℃·d,平均为 2 683.8 ℃·d。时段Ⅱ的平均值较时段Ⅰ略微增加。从喜温作物温度生长期内≥10 ℃积温的气候倾向率来看,1961—2007 年,西北干旱区≥10 ℃积温总体呈升高趋势,增幅为 50 ℃·d·(10a)$^{-1}$,其中,新疆的七角井、巴里塘和昭苏等增幅相对较大,而新疆的阿勒泰、乌鲁木齐和库车等局部地区则呈降低趋势。1961—2007 年,青藏高原干旱半干旱高寒区≥10 ℃积温的气候倾向率为 −18～289 ℃·d·(10a)$^{-1}$,格尔木、玉树、松潘、木里、九龙、德钦、拉萨、定日等地形成高值中心,倾向率值都超过 100 ℃·d·(10a)$^{-1}$,其中木里的积温气候倾向率值高达 289 ℃·d·(10a)$^{-1}$,进一步说明该区域积温热量资源增加有利于农业生产规模扩大和产量增加。

1961—1980 年,长江中下游地区喜温作物温度生长期内≥10 ℃积温为 3 195.6～6 167.3 ℃·d,平均为 5 129.9 ℃·d;1981—2007 年为 3 299.1～6 190.6 ℃·d,平均为 5 253.5 ℃·d。时段Ⅱ较时段Ⅰ的平均值增加了约 123.6 ℃·d。从喜温作物温度生长期内≥10 ℃积温的气候倾向率来看,1961—2007 年间,长江中下游地区温度生长期内≥10 ℃积温的气候倾向率平均为 74 ℃·d·(10a)⁻¹,北部地区的气候倾向率大于南部地区,但研究区域东北部靠近沿海的局部地区表现出由东向西递减的趋势,积温平均增速高于研究区域平均状况的地区主要分布在江苏、上海,安徽的安庆、滁县、宿县和阜阳一带,湖北的黄石、荆州和枣阳一带,浙江的杭州、丽水、洪家和鄞县(现在的宁波市鄞州区)一带,积温平均增速为 110 ℃·d·(10a)⁻¹;湖南和江西两省的积温平均增速为 45 ℃·d·(10a)⁻¹,除零星站点外,大部分站点的积温平均增速低于研究区域平均状况。

1961—1980 年,华南地区喜温作物温度生长期内≥10 ℃积温为 4 478.2～9 299.7 ℃·d,平均为 7 049.7 ℃·d,1981—2007 年为 4 591.0～9 552.8 ℃·d,平均为 7 227.9 ℃·d。时段Ⅱ较时段Ⅰ平均增加了约 178.2 ℃·d。从喜温作物温度生长期内≥10 ℃积温的气候倾向率来看,1961—2007 年,华南地区≥10 ℃积温的气候倾向率为 24～203 ℃·d·(10a)⁻¹,平均为 98 ℃·d·(10a)⁻¹,气候倾向率由北向南递增,即南部积温的增幅大于北部地区;≥10 ℃积温增加明显的区域主要为海南,广东大部,福建的东山、永安、福州一带,以及广西的龙州、玉林和桂平一带,该区域≥10 ℃积温的平均增幅为 131 ℃·d·(10a)⁻¹;≥10 ℃积温增加不明显的区域主要为广西大部,福建的屏南、浦城、邵武和泰宁一带,以及广东的贺县(现在的贺州市)、韶关和南雄一带,该区域≥10 ℃积温的平均增幅为 44 ℃·d·(10a)⁻¹。研究结果显示,我国其他区域积温气候倾向率的变化特征由南向北递增,而华南地区则与之相反,这是否由于地处沿海的华南地区为海洋性气候所致,尚需进一步研究。≥10 ℃积温高于 6 200 ℃·d 是华南湿热双季稻与热作农林区的分区指标之一(刘巽浩 等,1987),与 1961—1980 年相比,1981—2007 年研究区域 6 200～7 500 ℃·d 的积温带向北移动了 0.19 个纬度,使华南湿热双季稻与热作农林区面积在研究区内增加了 1.5 万 km²,增加的区域主要分布在福建省;≥10 ℃积温高于 7 500 ℃·d 是我国热三熟的分区指标之一(刘巽浩 等,1987),与 1961—1980 年相比,1981—2007 年 7 500～8 000 ℃·d 的积温带向北移动了 0.48 个纬度,使研究区热三熟区的面积增加 4.7 万 km²,增加的区域主要分布在广西和广东;≥10 ℃积温高于 8 000 ℃·d 是华南湿热双季稻与热作农林区的二级区(亚区)的分区指标之一(刘巽浩 等,2005),也是划分热带的最主要气候指标之一(吴绍洪 等,2000),与 1961—1980 年相比,1981—2007 年研究区域高于 8 000 ℃·d

的积温带向北移动了 0.38 个纬度,使华南湿热双季稻与热作农林区的二级区(亚区)面积增加 1.1 万 km²,增加的区域主要分布在广东省。

1961—1980 年,西南地区喜温作物温度生长期内 ≥10 ℃ 积温为 69.0～8 665.1 ℃·d,平均为 3 950.6 ℃·d;1981—2007 年为 83.2～8 704.5 ℃·d,平均为 4 053.0 ℃·d。与时段Ⅰ相比,时段Ⅱ的最低值升高了 14.2 ℃·d,最高值升高了 39.4 ℃·d,平均升高了 102.4 ℃·d。其中,最低值和最高值均分别出现在四川的石渠和云南的元江。从喜温作物温度生长期内 ≥10 ℃ 积温的气候倾向率来看,1961—2007 年,西南地区 ≥10 ℃ 积温的气候倾向率变化幅度为 −60～289 ℃·d·(10a)⁻¹,平均增速为每 10 年增加 55.3 ℃·d,比我国整个南方地区的增速 52.7 ℃·d·(10a)⁻¹ 略高(赵锦 等,2010)。全区除云南的屏边、沾益和昭通,贵州的盘县和桐梓,四川的盐源、巴中和红原等站点外,约 85% 的站点温度生长期内 ≥10 ℃ 积温呈增加趋势。≥10 ℃ 积温气候倾向率的低值区[<40 ℃·d·(10a)⁻¹]主要分布在贵州省北部、云南省东部、重庆市的西部和南部以及四川省的东部和西北部地区,最低值出现在四川的盐源;高值区[≥90 ℃·d·(10a)⁻¹]主要分布在云南省的大部地区(德钦、思茅、昆明、保山、楚雄、江城、腾冲和瑞丽 等)和四川省的少数地区(木里、雷波和广元 等),最高值出现在四川的木里。云贵高原稻区对 ≥10 ℃ 积温的热量需求为 3 500～4 500 ℃·d(程纯枢,1991)。1961—2007 年间,西南地区 ≥10 ℃ 积温 <3 500 ℃·d 的区域向西推移约 0.04°,面积减少约 1.3 万 km²;3 500～4 500 ℃·d 积温带的区域面积减少约 0.3 万 km²。≥10 ℃ 积温的增加为种植对热量要求较高的作物品种提供了有利条件,并使晚熟作物品种的种植界限北移,在相同栽培管理条件下可提高作物产量(刘志娟 等,2009)。

(2)各区域喜温作物生长季内日照时数和气候倾向率

各区域喜温作物生长季内日照时数比较见表 3.12,日照时数变化特征见图 3.19,由图表可知:

表 3.12　1961—2007 年各区域喜温作物生长季内日照时数特征比较　　　单位:h

| 时段 | 项目 | 东北 | 黄淮海 | 西北 | 长江中下游 | 华南 | 西南 |
|---|---|---|---|---|---|---|---|
| Ⅰ | 最低值 | 794.3 | 1 062.8 | 2.0 | 944.9 | 1 161.4 | 47.6 |
| | 最高值 | 1 554.7 | 2 082.0 | 2 035.2 | 1 673.1 | 2 633.9 | 2 336.0 |
| | 平均值 | 1 193.3 | 1 508.1 | 1 246.8 | 1 414.9 | 1 692.8 | 1 083.4 |
| Ⅱ | 最低值 | 802.8 | 979.7 | 11.5 | 843.1 | 1 111.9 | 57.2 |
| | 最高值 | 1 546.0 | 1 975.4 | 2 044.6 | 1 542.7 | 2 552.6 | 2 309.9 |
| | 平均值 | 1 168.0 | 1 419.9 | 1 248.9 | 1 300.2 | 1 577.2 | 1 035.1 |

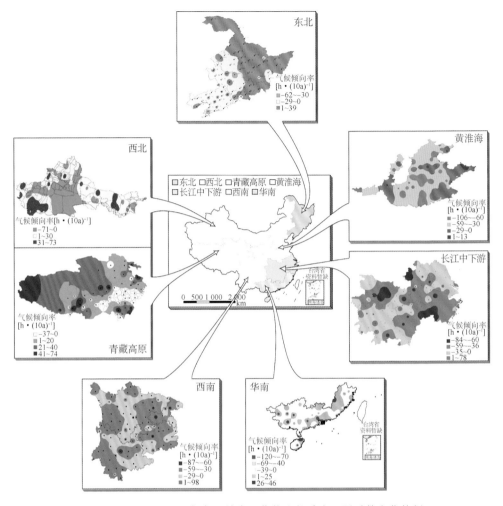

图 3.19　1961—2007 年各区域喜温作物生长季内日照时数变化特征

　　1961—1980 年,东北三省喜温作物温度生长期内日照时数为 794.3～1 554.7 h,平均为1 193.3 h;1981—2007 年为 802.8～1 546.0 h,平均为 1 168.0 h。时段 Ⅱ 较时段 Ⅰ 的平均值下降了约 25.3 h,最低值出现在吉林的长白,最高值出现在辽宁的营口。从喜温作物温度生长期内日照时数的气候倾向率来看,1961—2007 年,东北三省喜温作物温度生长期内日照时数的气候倾向率为 −62～39 h·(10a)$^{-1}$,其中吉林省中西部平原地区温度生长期内日照时数的气候倾向率在 −30～0 h·(10a)$^{-1}$ 之间,而东部山区日照时数有所增加;辽宁省温度生长期内日照时数的气候倾向率在 −30～0 h·(10a)$^{-1}$ 之间,下降趋势不明显。从理论上讲,日照时数下降对作物光合生产力会有负面影响。黑龙江省大部分地区的年日照时数呈减少趋势,但在温度生长期内,日照时数却有所增加(松嫩平原的西部地区除外),表明温度生长期内该地区日照时数有利于作物产量形成。

1961—1980 年,黄淮海地区喜温作物温度生长期内日照时数为 1 062.8～2 082.0 h,平均为 1 508.1 h;1981—2007 年间为 979.7～1 975.4 h,平均为 1 419.9 h。与时段 Ⅰ 相比,时段 Ⅱ 喜温作物温度生长期内日照时数呈显著的下降趋势,高值区明显缩小,低值区不断扩大。从喜温作物温度生长期内日照时数的气候倾向率来看,1961—2007 年,黄淮海地区喜温作物温度生长期内日照时数的气候倾向率为 −106～13 h・(10a)$^{-1}$,且全区仅有长岛、烟台、德州、运城、日照和乐亭的日照时数的气候倾向率为正值,其他地区均为负值。全区大部分地区喜温作物温度生长期内日照时数气候倾向率为 −60～−30 h・(10a)$^{-1}$。日照时数高值区(≥1 800 h)向山东省沿海地区推进,使得该区域面积缩小了 6.3 万 km$^2$。

1961—1980 年,西北地区喜温作物温度生长期内日照时数在 2.0～2 035.2 h,平均为 1 246.8 h,1981—2007 年间为 11.5～2 044.6 h,平均为 1 248.9 h。从喜温作物温度生长期内日照时数的气候倾向率来看,1961—2007 年,西北干旱区除新疆中部地区和宁夏平原以东地区喜温作物温度生长期内日照时数呈降低趋势外,西北干旱区总体呈升高趋势,其气候倾向率为 3 h・(10a)$^{-1}$。1961—2007 年,青藏高原干旱半干旱高寒区喜温作物温度生长期内日照时数的气候倾向率以西藏西部、青海西南部以及高原东南角正增长较明显,其中甘肃的合作、青海的玉树、西藏拉萨的河谷平原地区和狮泉河等地气候倾向率值超过 50 h・(10a)$^{-1}$,青海西南部、西藏东部、四川西部偏北部分地区倾向率为负值,其中日照时数减少最明显、倾向率值最小的是四川的马尔康,数值为 −37 h・(10a)$^{-1}$。≥10 ℃的日照时数高值区在作物生长季内光照条件较好,可获得较高产量,是农业生产主要区域,这与实际情况吻合。

1961—1980 年,长江中下游地区喜温作物温度生长期内日照时数为 944.9～1 673.1 h,平均为 1 414.9 h;1981—2007 年间为 843.1～1 542.7 h,平均为 1 300.2 h。时段 Ⅱ 较时段 Ⅰ 平均减少了 8.1%。从喜温作物温度生长期内日照时数的气候倾向率来看,1961—2007 年,长江中下游地区温度生长期内日照时数气候倾向率为 −84～78 h・(10a)$^{-1}$,平均为 −36 h・(10a)$^{-1}$,有 91.1% 的站点表现为减少趋势。温度生长期内日照时数增加的站点仅有 6 个,分别为湖南的通道和沅陵、安徽的蚌埠、江苏的常州和吕泗、江西的修水、湖南的邵阳、浙江的大陈岛。日照时数减少幅度大于 36 h・(10a)$^{-1}$ 的区域主要位于江西的波阳、宜春、广昌和贵溪一带,浙江的杭州、玉环、龙泉和衢州一带,安徽的滁县、亳州、安庆和宁国一带,湖北的枣阳、天门和巴东一带。

1961—1980 年,华南地区喜温作物温度生长季内日照时数为 1 161.4～2 633.9 h,平均为 1 692.8 h,1981—2007 年间为 1 111.9～2 552.6 h,平均为 1 577.2 h。时段 Ⅱ 较时段 Ⅰ 平均减少了 115.6 h。与 1961—1980 年相比,1981—2007 年温度

生长期内的日照时数,除琼中、南平、佛岗、汕头、灵山、东兴、湛江、靖西和都安等站点表现为增加外,研究区域其余站减少了 12～323 h,低值区(≤1 300 h)向南、向东扩大,高值区(≥1 800 h)缩小。从喜温作物温度生长期内日照时数的气候倾向率来看,1961—2007 年,华南地区温度生长期内日照时数的气候倾向率为−120～46 h·(10a)$^{-1}$,平均为−38 h·(10a)$^{-1}$。气候倾向率的空间分布规律不明显,研究区 85% 站点的温度生长期内日照时数气候倾向率呈减少趋势。日照时数减少最明显的区域主要分布在广东的罗定、增城、汕尾、电白一带,福建的邵武、上杭和东山一带,以及海南的海口、琼海和三亚一带,福建的浦城、南平和福鼎一带表现为增加。华南湿热双季稻与热作农林区的日照时数一般为 1 822～2 400 h(刘巽浩等,2005)。与 1961—1980 年相比,1981—2007 年研究区域温度生长期内日照时数≥1 800 h 的区域向南移动了 0.52 个纬度,向东移动了 1.1 个经度,使日照时数≥1 800 h 的面积减少了 6.9 万 km$^2$,面积减少的区域主要分布在广东省东南部和福建省南部;1981—2007 年温度生长期内日照时数≤1 300 h 的区域面积由西北向东南增加了 7.5 万 km$^2$,面积增加的区域主要位于广西北部和福建省西北部。日照时数的大小将直接影响太阳总辐射量的高低,进而影响到作物的光能利用率。华南地区温度生长期内日照时数普遍减少,将对华南地区热带水果果实膨大、蔗麻等茎秆伸长增粗、甘薯等块根膨大与糖分积累以及晚稻结实率提高等高产稳产因素产生负面影响,在农业布局、引种扩种时需同时考虑日照时数的变化特征。

1961—1980 年,西南地区喜温作物温度生长期内日照时数为 47.6～2 336.0 h,平均为 1 083.4 h;1981—2007 年间为 57.2～2 309.9 h,平均为 1 035.1 h。时段Ⅱ比时段Ⅰ下降了 4.46%。温度生长期内日照时数的高值区(≥1 700 h)主要集中在云南省西南部,低值区(<700 h)主要分布在四川省西部,两个时段的最低值均出现在四川的石渠。与时段Ⅰ相比,时段Ⅱ温度生长期内日照时数≥1 700 h 的区域向西推移了 0.1 个经度,面积减少了 1.5 万 km$^2$;1 200～1 700 h 的区域面积减少了 2.6 万 km$^2$;<1 200 h 的区域向南伸展,面积增加了 4.1 万 km$^2$。从喜温作物温度生长期内日照时数的气候倾向率来看,1961—2007 年,西南地区温度生长期内日照时数的气候倾向率为−87～98 h·(10a)$^{-1}$,平均为 14 h·(10a)$^{-1}$。然而,除云南省西南部和四川省西部的部分站点温度生长期内日照时数呈增加趋势外,研究区域 68% 的站点呈减少趋势。温度生长期内日照时数倾向率最低值出现在云南的楚雄,为−87 h·(10a)$^{-1}$,最高值出现在云南的保山,为 98 h·(10a)$^{-1}$,两者相差达 185 h·(10a)$^{-1}$,说明研究区域温度生长期内日照时数变化的空间差异比较大。研究区域的东部和中部日照时数减少,可能会导致作物光合速率降低,作物吸收的光合能量减少,光合产物减少,并最终影响作物生产潜力和产量。四川省西部温度生长期内日照时数的增加使得原来缺乏日照资源的情况有所改善,在不

考虑其他因素的前提下将有利于提高作物产量。

（3）各区域喜温作物生长季内降水量和气候倾向率

各区域喜温作物生长季内降水量比较和变化特征分别见表3.13和图3.20,由图表可知：

表3.13　1961—2007年各区域喜温作物生长季内降水量特征比较　　单位:mm

| 时段 | 项目 | 东北 | 华北 | 西北 | 长江中下游 | 华南 | 西南 |
|------|------|------|------|------|-----------|------|------|
| I | 最低值 | 315.4 | 266.2 | 0.3 | 674.9 | 891.2 | 9.4 |
| | 最高值 | 895.9 | 936.0 | 790.2 | 1 457.8 | 2 829.6 | 2 218.4 |
| | 平均值 | 485.9 | 464.6 | 177.8 | 1 029.8 | 1 542.7 | 853.0 |
| II | 最低值 | 326.8 | 279.8 | 1.0 | 641.8 | 953.6 | 15.9 |
| | 最高值 | 881.6 | 901.3 | 801.8 | 1 490.4 | 2 644.0 | 2257.6 |
| | 平均值 | 491.9 | 429.0 | 183.8 | 1 046.5 | 1 549.3 | 839.0 |

1961—1980年东北三省喜温作物温度生长期内降水量为315.4～895.9 mm,平均为485.9 mm;1981—2007年为326.8～881.6 mm,平均为491.9 mm。黑龙江省和吉林省的西北部温度生长期内降水量均在400 mm以下,而东南部在400～600 mm之间;辽宁省温度生长期内降水量均高于其他两省,其西北部在400～600 mm之间,东南部为降水高值区,温度生长期内的降水量在600 mm以上。从喜温作物温度生长期内降水量的气候倾向率来看,1961—2007年,研究区温度生长期内降水量的气候倾向率与年平均降水量的气候倾向率呈现出高度一致性,说明东北地区温度生长期内降水量总体呈降低趋势。与1961—1980年相比,1981—2007年温度生长期内降水量400～600 mm区域向黑龙江省西部扩张推进,向西推进了约1.5个经度,该降水量区域的面积增加了10万 $km^2$。

1961—1980年黄淮海地区喜温作物温度生长期内降水量为266.2～936.0 mm,平均为464.6 mm;1981—2007年为279.8～901.3 mm,平均为429.0 mm。从喜温作物温度生长期内降水量的气候倾向率来看,1961—2007年,黄淮海地区喜温作物温度生长期内降水量的气候倾向率为—47～15 mm·$(10a)^{-1}$,与该地区喜凉作物温度生长期内降水量空间分布特征相似,仅有安徽省北部和河南省东南部喜温作物温度生长期内降水量呈现增加的趋势,增幅为每10年增加0～15 mm,其他地区降水量均呈现减少的趋势,且以河北省、山东省北部减少最为明显。

1961—1980年西北地区喜温作物温度生长期内降水量为0.3～790.2 mm,平均为177.8 mm;1981—2007年为1.0～801.8 mm,平均为183.8 mm。从喜温作物温度生长期内降水量的气候倾向率来看,1961—2007年,西北干旱区喜温作物温度生长期内降水量总体呈增加趋势,且从西北向东南方向的增幅逐渐减小,其气候倾向率为5 mm·$(10a)^{-1}$。1961—2007年,青藏高原干旱半干旱高寒区喜温作物温度生长期内降水量的气候倾向率为—13～47 mm·(10a)⁻¹,高原东南部降水增加趋势明显,多数站点气候倾向率在 20 mm·(10a)⁻¹以上,其中最大值出现在稻城[47 mm·(10a)⁻¹],该区最小值在红原为—9 mm·(10a)⁻¹。

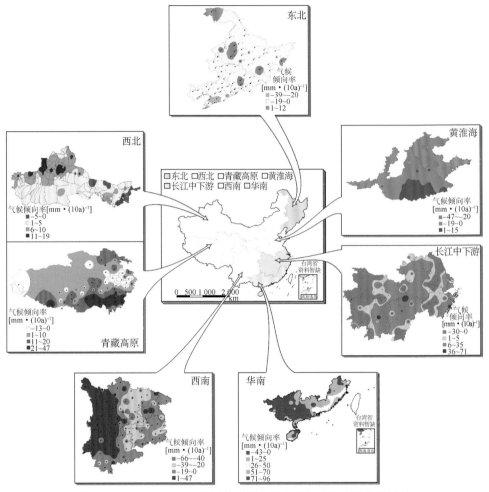

图 3.20　1961—2007 年各区域喜温作物生长季内降水量变化特征

　　1961—1980 年长江中下游地区喜温作物温度生长期内降水量为 674.9～1 457.8 mm,平均为 1 029.8 mm;1981—2007 年为 641.8～1 490.4 mm,平均为1 046.5 mm。与时段Ⅰ相比,时段Ⅱ增加了 1.6%。两个时段降水量的最高值和最低值均分别出现在江西的贵溪和安徽的砀山。从喜温作物温度生长期内降水量的气候倾向率来看,1961—2007 年,长江中下游地区温度生长期内降水量的气候倾向率为—30～71 mm·(10a)⁻¹,降水量总体表现为增加趋势,仅有 37.8%的站点表现为减少趋势。降水量表现为减少趋势的区域主要位于江苏的赣榆、东台和溧阳一带,浙江的金华、衢州和龙泉一带,安徽的芜湖和宁国一带,湖北的来凤、枣阳、郧县和巴东一带,湖南的岳阳、芷江、道县和邵阳一带。

1961—1980 年西南地区喜温作物温度生长期内降水量为 9.4～2 218.4 mm,平均为 853.0 mm;1981—2007 年为 15.9～2 257.6 mm,平均为 839.0 mm,分布特征为西北部少、东南部多,空间变化特征与年降水量类似。时段 Ⅱ 内高值区(≥1 000 mm)和低值区(<600 mm)的区域面积较时段 Ⅰ 分别减少了 10.3 万和 0.6 万 km²;中值区(600～1 000 mm)扩大明显,中值区面积较时段 Ⅰ 增加了 10.9 万 km²。在西南玉米适宜种植地区,生长季需水量为 600 mm(程纯枢,1991),满足该降水量的区域面积增加,为玉米的扩种提供了有利条件。从喜温作物温度生长期内降水量的气候倾向率来看,1961—2007 年间,西南地区温度生长期内降水量气候倾向率的变化幅度为 −66～47 mm · (10a)⁻¹,平均为 −8 mm · (10a)⁻¹,总体呈减少趋势,减幅比年降水量的变化趋势略小。值得注意的是,研究区域温度生长期内降水量丰富的东半部呈现出减少趋势,温度生长期内降水量相对较少的西北部呈现出增加趋势,这在一定程度上使全区温度生长期内降水量的空间分布更加均匀,有利于作物种植面积的扩大和农业生产的管理。

1961—1980 年华南地区喜温作物温度生长期内降水量为 891.2～2 829.6 mm,平均为 1 542.7 mm;1981—2007 年为 953.6～2 644.0 mm,平均为 1 549.3 mm,分布特征大致表现为靠近沿海的南部地区大于北部地区。从喜温作物温度生长期内降水量的气候倾向率来看,1961—2007 年间,华南地区温度生长期内降水量的气候倾向率为 −43～96 mm · (10a)⁻¹,平均为 7.6 mm · (10a)⁻¹,研究区域内 59％的站点表现为增加,空间分布特征是西部减少、东部增加,地区间差异明显。降水量减少的区域(气候倾向率负值区)主要集中在广西大部、广东省西南部、福建省北部的局部地区和海南省东北部地区;降水量增加的区域(气候倾向率正值区)主要集中在广东省东北部和东南部、福建省的大部地区和海南省西南部地区。与 1961—1980 年相比,1981—2007 年温度生长期内降水量≤1 535 mm 的区域面积增加了 3.6 万 km²,增加的区域主要集中在广西和广东省东部;1981—2007 年温度生长期内降水量≥1 800 mm 的区域面积增加了 1.3 万 km²,增加的区域主要集中在广东省;1981—2007 年温度生长期内降水量在 1 535～1 800 mm 的区域面积减少了 4.9 万 km²。

## 3.4　小结

本章在简要介绍全球和我国气候变化事实的基础上,重点从全国和各区域尺度,比较分析全球气候变化背景下,我国喜凉和喜温作物生长季内喜凉作物生长期

≥0 ℃积温和喜温作物生长期内≥10 ℃积温、降水量、日照时数变化趋势,这些变化必将对我国各区域的农业结构、种植制度和作物产量等产生一定的影响。农业可以通过提高复种指数、调整种植制度以充分利用当地有利气候资源,通过培育和选用抗逆品种减缓气候变化带来的不利影响。

# 参 考 文 献

陈海,康慕谊,曹明明.2006.北方农牧交错带农业气候资源空间特征分析.自然资源学报,**21**(2):204-209.

程纯枢.1991.中国的气候与农业.北京:气象出版社:175.

代姝玮,杨晓光,赵孟,等.2011.气候变化背景下中国农业气候资源变化Ⅱ.西南地区农业气候资源时空变化特征.应用生态学报,**22**(2):442-452.

《第二次气候变化国家评估报告》编写委员会.2011.第二次气候变化国家评估报告.北京:科学出版社:38-43.

丁一汇,戴晓苏.1994.中国近百年来的温度变化.气象,**20**(12):19-26.

丁一汇,任国玉,石广玉.2006.中国气候变化的历史和未来趋势,气候变化国家评估报告(Ⅰ).气候变化研究进展,**2**(1):3-8.

国家海洋局.2012 年中国海平面公报[EB/OL].2013-03-08.http://www.coi.gov.cn/gongbao/haipingmian/201303/t2013030826217.html.

郭建平,高素华,刘玲.2002.我国西部地区农业开发与农业气候资源高效利用.资源科学,**24**(2):22-25.

李勇,杨晓光,王文峰,等.2010a.气候变化背景下中国农业气候资源变化Ⅰ.华南地区农业气候资源时空变化特征.应用生态学报,**21**(10):2 605-2 614.

李勇,杨晓光,代姝玮,等.2010b.长江中下游地区农业气候资源时空变化特征.应用生态学报,**21**(11):2 912-2 921.

林孝松.2004.基于 GIS 的区域农业气候资源量化分析与评价.中国农业气象,**25**(4):23-27.

林学椿,于淑秋,唐国利.1995.中国近百年温度序列.大气科学,**19**:525-534.

刘巽浩,陈阜.2005.中国农作制.北京:中国农业出版社:95-105.

刘巽浩,韩湘玲,等.1987.中国的多熟种植.北京:北京农业大学出版社:43-45.

刘志娟,杨晓光,王文峰,等.2009.气候变化背景下我国东北三省农业气候资源变化特征.应用生态学报,**20**(9):2 199-2 206.

刘志娟,杨晓光,王文峰.2011.气候变化背景下中国农业气候资源变化Ⅳ.黄淮海平原半湿润暖温麦—玉两熟灌溉农区农业气候资源时空变化特征.应用生态学报,**22**(4):905-912.

马洁华,刘园,杨晓光,等.2010.全球气候变化背景下华北平原气候资源变化趋势.生态学报,**30**(14):3 818-3 827.

秦大河,董文杰,罗勇.2012.中国气候与环境演变:2012(第一卷).北京:气象出版社:1-2.

秦大河,丁一汇,苏纪兰,等.2005.中国气候与环境演变评估(Ⅰ):中国气候与环境变化及未来趋势.气候变化研究进展,**1**(1):4-9.

任国玉,郭军,徐铭志,等.2005.近 50 年中国地面气候变化基本特征.气象学报,**63**(6):948-952.

王绍武,叶瑾琳,龚道溢,等.1998.近百年中国年气温序列的建立.应用气象学报,**9**(4):392-401.

王绍武,蔡静宁,朱锦红.2002.19 世纪 80 年代到 20 世纪 90 年代中国年降水量的年代际变化.气象学报,**60**(5):637-639.

吴绍宏,郑度.2000.生态地理区域系统的热带北界中段界限的新认识.地理学报,**55**(6):689-697.

徐超,杨晓光,李勇,等.2011.气候变化背景下中国农业气候资源变化Ⅲ.西北干旱区农业气候资源时空变化特征.应用生态学报,**22**(3):763-772.

徐华军,杨晓光,王文峰,等.2011.气候变化背景下中国农业气候资源变化Ⅶ.青藏高原干旱半干旱区农业气候资源变化特征.应用生态学报,**22**(7):1 817-1 824.

杨晓光,李勇,代姝玮,等.2011.气候变化背景下中国农业气候资源变化Ⅸ.中国农业气候资源时空变化特征.应用生态学报.**22**(12):3 177-3 188.

叶瑾琳,陈振华,龚道溢,等.1998.近百年中国四季降水量异常的空间分布特征.应用气象学报,**9**:57-64.

赵锦,杨晓光,刘志娟.2010.全球气候变暖对中国种植制度可能影响Ⅱ.南方地区气候要素变化特征及对种植制度界限可能影响.中国农业科学,**43**(9):1 860-1 867.

赵娜,岳天祥,王晨亮.2013.1951—2010 年中国季平均降水高精度曲面建模分析.地理科学进展,**32**(1):49-58.

IPCC.2007.Climate Change 2007:Synthesis Report.Contribution of Working Groups Ⅰ,Ⅱ and Ⅲ to the Fourth Assessment Report of the Intergovernment Panel on Climate Change.Geneva,Switzerland:IPCC.

# 第4章　气候变化对中国种植制度界限影响

种植制度是一个地区或生产单位作物组成、配置、熟制与种植方式的总称。任何种植制度都是在一定的自然与社会经济条件下形成的,种植制度的形成和发展主要受制于地形、气候、土壤、生产条件、科学技术水平、人类社会对农产品的要求以及市场价格等因素。我国人多地少,对粮食需求刚性增长,而气候变化背景下极端天气气候事件频繁发生,因此,充分利用我国丰富多彩的种植模式,提高单位土地面积的利用率与光能利用率,发展多熟种植制度,提高单位面积周年产量尤其重要,这亦是我国保证粮食安全的重要途径之一。

我国幅员辽阔,各地气候、土壤、作物及经济条件差异显著。为了因地制宜、趋利避害,合理提高气候资源利用率与土地利用率,开展我国种植制度的气候区划工作尤为重要。刘巽浩先生和韩湘玲先生依据我国各地气象台站20世纪50年代到1980年(资料的统计是从气象站建站开始的,而各气象站建站时间不统一,又由于大部分站点是20世纪50年代建立的,因此这里用1950s表示统计资料的起始年份,以下用"1950s—1980年"表示)的气候资料,在考察和调研基础上,结合农学家相关研究成果,建立了种植制度区划零级带、一级区和二级区的指标体系,确定了各指标的农业气候学计算方法,并在20世纪80年代中期完成了我国的种植制度气候区划(刘巽浩 等,1987)。在全球气候变化背景下,气候变化对我国种植制度的影响已引起了国内外学者的普遍关注,并取得诸多有意义的进展(郝志新 等,2001;纪瑞鹏 等,2003),但大部分的研究多限于利用作物生长模型模拟未来气候变化情景下,种植制度可能受到的影响,并对此进行分析和评价(金之庆 等,1994;Wang,1997;张厚瑄,2000a),而基于1981年以来现实气候资料,分析1981年以来气候变暖对我国种植制度界限的可能影响,以及种植制度界限变化对种植制度界限敏感地带单位面积周年粮食产量的可能影响方面的研究还未见报道。

本研究组依据刘巽浩先生和韩湘玲先生建立的不同种植制度界限指标,并采用他们在1987年全国种植制度区划中所采用的计算方法,以1981年为分界点,将1950s—2007年划分为两个时段,比较由于全球气候变暖引起的1981年以来我国种植制度界限相对于1950s—1980年时段的潜在变化。分析评价气候变暖对种植制度界限的可能影响,以及由于熟制的潜在变化带来的作物产量的变化。

刘巽浩先生和韩湘玲先生采用区域分区和类型区划分相结合的方法,将全国种植制度分为3个零级带,11个一级区和30个二级区,见图4.1。种植制度指标体系和计算方法已在本书第 2 章中详细介绍,本章重点论述 1981 年以来气候变化对我国种植制度零级带和一级区种植北界的影响。我国气候多样,种植制度类型丰富多彩,如按照同一指标逐级分区难以反映各区之间作物种植与种植制度的差异,故指标体系采用了分级分类的方法。零级带统一按照热量划分,一级区主要按照热量、水分、地貌与作物划分。每个带内的一级区划分指标是统一的,但不同带间的一级区具体指标是不同的。例如一熟带中一级区划的热量指标采用的是最热月温度,两熟带中一级区划的热量指标采用的是≥0 ℃积温与 20 ℃终止日。零级带主要按照积温划分,包括一年一熟带、一年两熟带和一年三熟带,≥0 ℃积温4 000～4 200 ℃·d 为一熟带与两熟带的分界线。≥0 ℃积温 5 900～6 100 ℃·d为两熟带与三熟带的分界线。实际上在一年一熟和一年两熟区之间,以及一年两熟和一年三熟区之间有过渡地区,并将这些过渡地区的特征反映在一级区的划分中。热量是熟制的限制因素,但能否一年两熟或三熟,在很大程度上还要决定于水分、地貌与作物。由于我国大范围降水量和径流量等水分的分布有一定的纬向规律,水、热往往是同步的,因而两熟、三熟带中主要是一年两熟或一年三熟类型。但由于水分供应的地区差异以及地貌、土质的影响,在同一个种植带中水分的差异性很大,所以在一年一熟带中往往出现一年两熟,而一年三熟带中也有两熟区并存(刘巽浩 等,1987)。

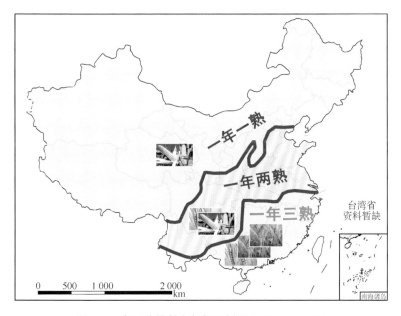

图 4.1　中国种植制度气候区划图(1950s—1980 年)

(引自刘巽浩 等,1987)

# 4.1　气候变化对中国种植制度零级带空间位移的影响

## 4.1.1　种植制度界限零级带空间位移变化

图 4.2 为 1950s—1980 年(时段Ⅰ,下同)和 1981—2007 年(时段Ⅱ,下同)全国种植制度零级带分布图,由图可以看出:(1)全球气候变暖背景下,我国温度升高,积温增加,与时段Ⅰ相比,时段Ⅱ的一年两熟带、一年三熟带种植北界都不同程度地向北移动。(2)与时段Ⅰ相比,基于时段Ⅱ气候资料所确定的一年一熟区和一年两熟区分界线,空间位移最大的省市为陕西东部、山西、河北、北京和辽宁,其中在山西、陕西、河北境内平均向北移动了 26 km,辽宁省南部地区,由原来的 $40°1'\sim 40°5'N$ 之间的小片区域可一年两熟,变化到辽宁的绥中、鞍山、营口、大连一线。(3)与时段Ⅰ相比,由时段Ⅱ气候资料所确定的一年两熟区和一年三熟区分界线,空间位移最大的区域在湖南、湖北、安徽、江苏和浙江省境内。在浙江省内,分界线由杭州一线跨越到江苏的吴县(现在的苏州市吴中区和相城区)东山一线,向北移动了约 103 km;安徽巢湖和芜湖附近向北移动了 127 km,安徽其他地区平均向北移动了 29 km;湖北的钟祥以东地区向北移动了 35 km;湖南沅陵附近向北移动了 28 km(杨晓光 等,2010)。

结合全国耕地利用图计算了种植界限北界移动和耕地面积变化特征,结果显示一年两熟制农田面积增加了 104.50 万 $hm^2$,其中,辽宁省一年两熟农田面积增加最多,为 42.81 万 $hm^2$,河北、山西、北京分别增加 22.54 万、21.21 万和 11.66 万 $hm^2$,四川和云南分别增加 3.60 万和 2.67 万 $hm^2$。一年三熟农田面积增加 335.96 万 $hm^2$,其中安徽省一年三熟制农田面积增加最多,为 103.38 万 $hm^2$,其次为浙江、湖北、上海、湖南、贵州、云南和江苏分别增加了 62.18 万、48.01 万、32.18 万、28.38 万、22.00 万、17.67 万和 17.53 万 $hm^2$,河南和广西分别增加了 4.03 万和 0.61 万 $hm^2$。

气候变暖为种植制度北界移动提供了热量资源保障,可带来种植制度北界变化敏感地带内复种指数的增加,对该区域单位面积周年粮食产量增加带来有利的影响。尤其是在年平均气温较低的东北地区,低温冷害常影响作物正常成熟,早霜冻的发生也常导致作物减产或绝收(王馥棠,2002)。从 20 世纪 80 年代以后,东北地区经历了最明显的变暖过程,与 20 世纪 60—70 年代相比,年平均气温上升了 $1.0\sim 2.5$ ℃。由图 4.2 还可以看出,1981—2007 年一年两熟区的种植北界北移到辽宁的绥中、鞍山、营口、大连一线,这意味着 1981 年以来由于气候变暖,使辽宁一年两熟区的面积由原来的几乎为零逐步扩展到辽宁南部的大部分地区。温度升高延长了该地区作物生长季,复种指数将会明显提高。

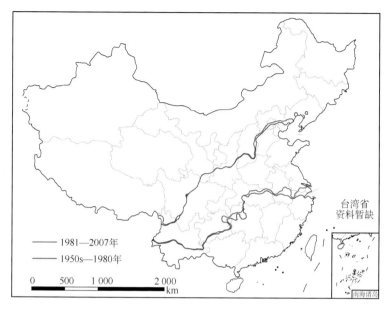

图 4.2　气候变暖对我国种植制度零级带北界的影响

## 4.1.2　种植制度界限变化敏感地带粮食产量可能变化

由于我国各地种植模式复杂多样,在此我们选择当地有代表性的种植模式,比较种植制度界限变化敏感地带内,种植制度北界的变化对单位面积粮食产量的可能影响。参考刘巽浩先生和韩湘玲先生于 1987 年完成的种植制度区划中各零级带主体种植模式,种植制度一年两熟界限移动敏感地带,由一年一熟变为一年两熟,选择春玉米为一年一熟区的代表性种植模式,冬小麦—夏玉米为一年两熟区代表性种植模式;种植制度一年三熟界限移动敏感地带,由一年两熟变为一年三熟,以冬小麦—中稻作为一年两熟区的代表性种植模式,冬小麦—早稻—晚稻为一年三熟区的代表性种植模式。种植界限变化敏感地带,单位面积周年粮食产量的结果见图 4.3。由图 4.3 可以看出:在种植制度界限变动的区域,如不考虑作物品种变化、社会经济等方面因素的影响,由于气候变暖,一年两熟和一年三熟种植界限北移,将使得敏感区粮食单产获得不同程度的增加。这里选择最能代表目前气候条件的 2000—2007 年的各省统计产量平均值,分析气候变暖带来的种植制度北界移动造成的单位面积周年粮食产量的变化。因变化区域各省产量水平不同,作者选择实际产量数据进行比较,结果由一年一熟变成一年两熟,陕西、山西、河北、北京和辽宁粮食单产分别可增加 82%,64%,106%,99% 和 54%;由一年两熟变成一年三熟,湖南、湖北、安徽、浙江粮食单产分别可增加 52%,27%,58% 和 45%。在江苏省目前当地实际没有种植双季稻,但由于气候变暖的原因,可使一年三熟种植制度北界北移,如果在当地种植冬小麦—早稻—晚稻来替换冬小麦—中稻模式,可以使产量增加 37%(杨晓光 等,2010)。

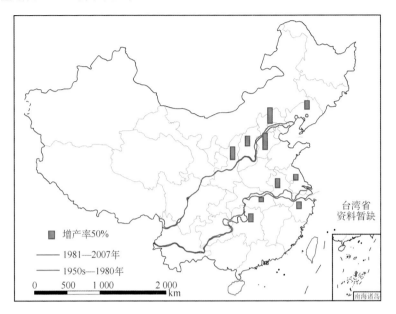

图 4.3　全国种植制度北界变化区域内单位面积周年粮食产量增产率

随着温度的升高、积温的增加,1981—2007 年间我国一年两熟、一年三熟的种植北界都较之 1950s—1980 年有不同程度北移。一年两熟制种植界限北移幅度最大的区域是陕西、山西、河北、辽宁和北京等 5 省(市)。一年三熟制种植北界空间位移最大的区域为湖南、湖北、安徽、江苏和浙江等 5 省。在不考虑品种变化、社会经济等方面因素的前提下,基于目前各作物实际产量水平,由一年一熟变成一年两熟,粮食单产平均可增加 54%～106%;由一年两熟变成一年三熟,粮食单产平均可增加 27%～58%。

尽管目前已有的研究结果显示,全球气候变化总体趋势是变暖,但气候变化背景下,极端天气气候事件的发生频率亦相应增加(王绍武,1994;朱大威 等,2008),干旱、洪涝、高温和低温冷害等农业气象灾害的发生频率增大。气温升高增加了北方地区的热量资源,但季风雨带的南移可能导致干旱危害加重,造成北方变干变热。气候的冷暖、干湿变率可能增大,特别是降水变率的不确定性,是种植制度界限变化必须考虑的因素之一(张厚瑄,2000a,2000b)。

全球气候变化背景下,干旱与半干旱地区干旱胁迫的程度可能会增大。良好的灌溉条件可在一定程度上缓解或补偿气候变暖造成的不利影响。在种植制度界限变化敏感地带,加强农田基本建设非常必要。种植制度的改变同时需要与其相适应的作物新品种,以充分利用气候资源,趋利避害,保证作物产量的稳定性。例如,在东北平原选育或引进一些生育期相对较长的中晚熟品种,逐步取代目前生育期短、产量相对较低的早熟品种,将有利于充分利用当地气候资源,提高作物产量(王馥棠,2002)。

一个地区实际的种植制度不仅仅取决于气候资源,同时受土壤条件、作物品种特性、当地生产技术水平、经济条件、市场需求、劳动力资源等因素综合影响。因此,种植制度变革是一个十分复杂的问题。本节仅仅分析了气候变暖对种植制度界限带来的可能影响,实际生产中气候资源的变化仅为种植制度实现变革提供了前提和资源保障,但由气候变暖带来的种植制度可能变化能否成为现实,还需与当地经济效益、社会效益等诸多因素结合起来考虑。

## 4.2　气候变化对中国种植制度一级区界限的影响

刘巽浩先生和韩湘玲先生基于 1950s—1980 年气候资料,将我国划分为 11 个一级区,具体如下:一熟带中,以作物生长旺季对热量的要求按照最热月平均气温<18 ℃、18~22 ℃、>22 ℃分为喜凉、凉温与喜温作物区,20~25 ℃为温凉作物区。并以作物对水分的要求按照年降水量<400 mm、400~550 mm、500~800 mm分为干旱灌溉农业区、半干旱农业区、半湿润农业区。综合热量、水分、地貌与作物条件,将一熟带分为 5 个一级区,即青藏高原喜凉作物一熟轮歇区、北部中高原半干旱凉温作物一熟区、东北西北低高原半干旱温凉作物一熟区、东北平原丘陵半湿润温凉作物一熟区及西北干旱灌溉温凉作物一熟区。一熟带的各区中又按照作物的温凉属性及对于干湿的要求和降水量分为 11 个二级区。

一年两熟带中,根据≥0 ℃积温、秋季降温程度、年降水量以及地貌和作物类型,将一年两熟带分为 4 个一级区,即黄淮海水浇地两熟旱地两熟一熟区、西南高原山地水田两熟旱地两熟一熟区、江淮平原丘陵麦稻两熟区、四川盆地水旱两熟三熟区。在 4 个一级区内又进一步以热量、水分、地貌和作物划分为 14 个二级区。

一年三熟带中按照作物对积温的要求和 20 ℃终止日以及水分、地貌等指标划分为 2 个一级区,即长江中下游平原丘陵水田三熟两熟区和华南晚三熟两熟与热三熟区。各一级区再根据热量、水分、地貌与作物分为 5 个二级区(刘巽浩 等,1987)。

全国种植制度一级区共 11 个,其地理位置、气候状况及种植制度特征如下:

Ⅰ　青藏高原喜凉作物一熟轮歇区

该区为西藏、青海高原和川西高原农区,包括甘肃的甘南、天祝、肃南及云南西北角,共 147 个县。土地面积占全国的 23%,草场面积占全国的 30%,耕地面积仅占全国的 0.67%。青藏高原自然环境复杂,地势高亢,气候寒冷,降水量少,大部分地区偏旱,但日照充足,辐射强,气温日较差大。年平均气温 0～7 ℃,无霜期 90～100 d,7 月份平均气温为 12～18 ℃,≥10 ℃积温 1 500～2 300 ℃·d。以种植耐寒喜凉作物为主,主要作物包括青稞、小麦、豌豆、马铃薯、油菜等,主体种植制度为一年一熟制。

Ⅱ　北部中高原半干旱凉温作物一熟区

本区为我国黄土高原西部(青海日月山以东、环县—静宁—淳县一线以西,包括青海东部、宁夏中南部和甘肃中部)和内蒙古高原南部(包括内蒙古的后山、河北的坝上和晋西北)两大片。该区地处黄土高原和蒙古高原,气候冷凉,≥0 ℃积温 2 500～3 000 ℃·d,≥10 ℃积温 2 000～2 500 ℃·d,7 月份平均气温为 18～22 ℃,无霜期 100～130 d,降水较少,年降水量一般为 400～500 mm,冷凉干旱是本区主要的气候特点。作物多为喜凉的春小麦、马铃薯、莜麦、胡麻、向日葵,适于温凉气候的谷子、糜子以及早熟玉米等。

Ⅲ　东北西北低高原半干旱温凉作物一熟区

本区包括吉林和辽宁西部,内蒙古东南部(哲盟、昭盟),长城沿线的承德、张家口坝下地区、山西大部(除晋西北与汾河谷地)与黄土高原东部。海拔一般为 500～1 200 m,耕地主要分布在塬区、丘陵山地及河谷盆地。该区域自然条件复杂,差异大,≥0 ℃积温 2 800～4 200 ℃·d,≥10 ℃积温 2 500～3 600 ℃·d,7 月份平均气温为 22～25 ℃,极端最低气温平均值低于 -20～-24 ℃,无霜期 120～150 d,年降水量为 400～600 mm,大部分地区为干旱易旱区,热量与降水条件均好于北部高原半干旱凉温一熟区。种植制度以一年一熟为主,作物以喜温的玉米、谷子、高粱与喜凉的春小麦、冬小麦为主。本区南部热量较多,在有水的条件下可在麦收后复种谷糜、饲料绿肥等小作物实行两年三熟。

Ⅳ　东北平原丘陵半湿润温凉作物一熟区

该区域包括黑龙江、吉林、辽宁大部(吉林西部半干旱区、辽宁的朝阳地区和辽东半岛南端除外)。区域内气候温和湿润,大部属半湿润中温带,是我国重要的商品粮基地。大部分农区≥0 ℃积温 2 000～4 000 ℃·d,≥10 ℃积温 1 600～3 600 ℃·d,无霜期 140～170 d,年降水量为 500～800 mm。该区域种植制度为一年一熟,除喜凉的春小麦、马铃薯、甜菜外,还可种植喜温的玉米、高粱、大豆、谷子、水稻等。

Ⅴ　西北干旱灌溉温凉作物一熟区

该区域包括内蒙古河套灌区、宁夏的银川灌区、甘肃的河西走廊与兰州附近灌区及新疆内陆灌区,即锡林浩特—呼和浩特—兰州—黑河一线(年降水量 400 mm 等值线)以西的广大西北地区,面积约为 2/5 的国土面积,干旱少雨,除伊犁河谷年降水量达 300～500 mm 外,其他地区皆少于 300 mm,除少数沿山地区外,几乎所有的种植业都分布于灌溉地上。区域内日照充足,温度日较差大。种植制度以一年一熟为主,作物以春小麦、冬小麦和玉米为主,其次是糜谷、稻、马铃薯等,区域内 ≥10 ℃积温 4 000 ℃·d 以上的地方可一年两熟。

Ⅵ　黄淮海水浇地两熟与旱地两熟一熟区

包括黄河、淮河、海河流域中下游的北京、天津、河北、河南大部(信阳地区除外)、山东全部、皖北(宿县、阜阳地区)、苏北、汾渭谷地(关中、晋中南)及辽东半岛南端,该区域年平均气温 10～14 ℃,无霜期 170～225 d,≥0 ℃积温 4 100～5 500 ℃·d,≥10 ℃积温 3 600～4 800 ℃·d,年降水量为 500～900 mm。农田大多分布在平原地区,其中黄淮海平原是我国最大的平原。该区域粮食作物以冬小麦、玉米为主,棉花是主要的经济作物。黄河以南旱地为一年两熟,山地为二年三熟,黄河以北旱地或山地多为一年一熟或二年三熟。

Ⅶ　西南高原山地水田两熟旱地两熟一熟区

该区域包括川、鄂、湘、黔边境山地丘陵,秦巴山区南部,以及云贵川西高原大部等地。本区属于低纬度、高海拔地区,穿插以丘陵盆地和平坝,海拔多在 800～3 000 m 范围内,农业立体性强,种植垂直带明显。年平均气温 13～17 ℃,无霜期 200～260 d,年降水量 800～1 500 mm,≥0 ℃积温 4 600～6 100 ℃·d,≥10 ℃积温 3 800～5 500 ℃·d。粮食作物以水稻、小麦、玉米、薯类为主,经济作物有油菜、烟草等。水田以冬小麦—水稻、油菜—水稻一年两熟为主,旱坡地多单季稻或甘薯、玉米一年一熟或冬小麦—夏玉米一年两熟。

Ⅷ　江淮平原丘陵麦稻两熟区

本区包括江苏、安徽、河南省的淮河以南,常州—合肥—荆门一线以北地区。包括江苏的里下河地区、安徽中部平原丘陵、河南省信阳地区及湖北省中北部丘陵平原。该区域≥0 ℃积温 5 500～5 900 ℃·d,≥10 ℃积温 4 600～5 000 ℃·d,年降水量 900～1 200 mm,无霜期 200～240 d。典型的麦—稻两熟区,耕地以平原稻田为主,部分为低丘岗旱地。水田以麦(油)—稻一年两熟为主,旱地则为麦—玉(红薯、花生、芝麻)等。在本区南缘可种植双季稻,或双季稻加绿肥、大麦、油菜等。

Ⅸ　四川盆地水旱两熟三熟区

本区域包括四川盆地底部与边缘山地、达县以南、涪陵以西的成都平原。区域内≥0 ℃积温 6 000～6 700 ℃·d,≥10 ℃积温 5 100～6 000 ℃·d,无霜期 280～320 d,年降水量 900～1 400 mm。平原丘陵底部以水田为主,丘陵中上部多旱地,水田以麦(油菜、蚕豆)—中稻为主。≥10 ℃积温达 5 500～6 000 ℃·d 的地区,适种双季稻一年三熟,丘陵旱地以麦、玉米、甘薯、马铃薯为主,冬小麦—甘薯、麦/玉米/甘薯一年两熟或一年三熟。

Ⅹ　长江中下游平原丘陵水田三熟两熟区

该区域大体包括≥0 ℃积温 5 900(±200) ℃·d,≥10 ℃积温 5 100(±100) ℃·d

一线以南,南岭山地以北,湘黔边境山地以东的广大平原山地丘陵地区。年平均气温 16～18 ℃,≥0 ℃积温 5 900～6 900 ℃·d,≥10 ℃积温 5 000～6 000 ℃·d,无霜期 240～330 d,年降水量 1 000～1 800 mm,水、热资源丰富,是我国农业精华地区,也是粮、棉、油、麻、丝、茶、林、牧、水产等的重要产地。本区沿长江的太湖平原、鄱阳湖平原、洞庭湖平原、江汉平原是我国主要的商品粮棉产区。该区域以水田为主,旱地仅占小部分。本区以双季稻三熟制与麦一稻两熟制为主,旱坡地则多麦(油菜、蚕豆)一甘薯(玉米)或玉米一甘薯一年两熟。

Ⅺ 华南晚三熟两熟与热三熟区

本区位于我国南端最低纬度处,包括南岭山地以南的闽、粤、桂、台湾及滇南高原等地。耕地多分布于低山丘陵与沿海平原。区域内年平均气温 18～24 ℃,≥0 ℃及≥10 ℃积温 6 900～9 000 ℃·d,1 月平均气温 7～20 ℃,无霜期 300～360 d,年降水量 1 100～2 000 mm,水、热资源十分丰富。本区南部可种稻一薯一玉等热三熟,海拔较高的丘陵热量偏少,可种植早稻、秋薯或稻一麦、玉米一晚稻两熟或稻一花生一蔬菜等热三熟。经济作物主要是甘蔗、花生、红黄麻,以及热带亚热带的水果、橡胶、剑麻、香料等。

以上是刘巽浩先生和韩湘玲先生基于 1980 年以前的气候资料,确定的全国 11 个种植制度一级区的地理位置、气候特征及种植制度特征,下面着重分析气候变化对一级区种植界限及粮食产量潜力带来的影响。为了方便分析,我们分别讨论气候变化对北方和南方种植制度一级区的影响。

## 4.2.1 北方地区种植制度一级区界限变化及其对粮食作物产量潜力的影响

(1)气候变化对我国北方地区种植制度一级区界限的影响

利用种植制度一级区划分指标,考虑热量资源和降水资源的共同作用,分析气候变化背景下,与时段Ⅰ相比,近 30 年来(时段Ⅱ)气候变化对我国北方地区种植制度一级区界限变化可能的影响,结果见图 4.4。图 4.4 中虚线表示时段Ⅰ的种植制度一级区界限,实线表示时段Ⅱ的种植制度一级区界限。从中可以看出我国北方地区,与时段Ⅰ相比,时段Ⅱ一级区的种植界限有不同程度的变化,东北部种植界限空间位移大,而西南部变化不明显,具体如下:

北部中高原半干旱凉温作物一熟区(Ⅱ):该区包括两大片区域,一为黄土高原西部(青海日月山以东、环县一静宁一淳县一线以西,包括青海东部、宁夏中南部和甘肃中部),这一区域与时段Ⅰ相比,时段Ⅱ的年降水量和≥0 ℃积温变化不明显,因此种植界限移动不明显;另一区域在内蒙古高原南部,包括内蒙古的后山、河北的坝上和晋西北,与时段Ⅰ相比,时段Ⅱ内因≥0 ℃积温增加趋势不明显,年降水量明显减少,种植界限北界明显向南扩展,移动 3.7 个纬度,晋西北地区种植界限变动不明显。

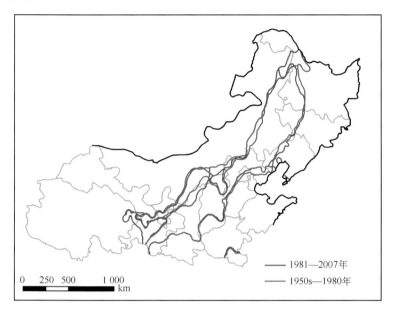

图 4.4　气候变化对中国北方地区种植制度一级区界限影响

东北西北低高原半干旱温凉作物一熟区(Ⅲ)：该区域跨越范围较大,各区域种植界限空间移动情况不完全相同,在东北地区,≥0 ℃积温明显增加,年降水量减少趋势不明显,与时段Ⅰ相比较,时段Ⅱ内整个区域面积增加,向西北方向移动,其中该区域的西北界限在内蒙古兴安盟变动较小,仅向西扩展 0.1 个经度,但在内蒙古赤峰市向西方向的空间位移较大,扩展 0.45 个经度;在华北地区,虽然≥0 ℃积温有增加趋势,但因年降水量减小趋势明显,与时段Ⅰ相比较,时段Ⅱ内区域北界略微向北扩展,移动 0.15 个纬度;在西北地区,因年降水量减少趋势明显,与时段Ⅰ相比较,时段Ⅱ内该区北界向南扩展,移动范围为 0.1~0.7 个纬度(李克南 等,2010)。

东北平原丘陵半湿润温凉作物一熟区(Ⅳ)：该区由于≥0 ℃积温明显增加,与时段Ⅰ相比较,时段Ⅱ内种植界限在黑龙江北部明显向西扩展,移动 1 个经度,而在黑龙江中部向西扩展,移动仅为 0.4 个经度,但是在吉林和辽宁境内,该区由于年降水量的明显减少,与时段Ⅰ相比较,时段Ⅱ内区域面积是略微减少的,种植界限向东扩展约 0.25 个经度。

西北干旱灌溉温凉作物一熟区(Ⅴ)：该区域年降水量和地表水的空间分布是限制该区范围的主要因素,其年降水量在该区北部变化不明显,在南部该区面积呈减少的趋势,所以种植南界向南扩,移动了 3.7 个纬度,种植北界移动不明显,仅为 0.1 个纬度左右。

黄淮海水浇地两熟与旱地两熟一熟区（Ⅵ）：与时段Ⅰ相比较,该区域时段Ⅱ内≥0 ℃积温增加趋势明显,区域整体向北移动,河北省东北部和辽宁省南部种植界限移动明显,向北移动了 0.3 个纬度（李克南 等,2010）。

江淮平原丘陵麦稻两熟区（Ⅷ）：这一区域包括江苏、安徽、河南的淮河以南,常州—合肥—荆门一线以北的地区,种植制度为一年两熟,其种植北界变动不明显。因该区域大部属于南方研究地域范围,具体在本章下一节详细介绍。

（2）我国北方地区一级区种植界限变化敏感地带作物生产潜力分析

由于热量资源和降水资源变化,与时段Ⅰ相比较,时段Ⅱ内种植制度一级区的界限发生了明显的空间移动。在种植制度界限发生空间位移的敏感地带,作物生产力发生了怎样的变化? 在此我们重点分析界限移动的一级区,即东北西北低高原半干旱温凉作物一熟区（Ⅲ）、东北平原丘陵半湿润温凉作物一熟区（Ⅳ）、黄淮海水浇地两熟与旱地两熟一熟区（Ⅵ）种植界限空间变化敏感区作物生产潜力的变化。为便于分析比较,在一级区界限敏感地带选择典型点进行分析,包括黑龙江的孙吴、克山和明水,辽宁的大连、绥中和锦州,河北的遵化,山西的阳泉。根据第 2 章研究方法中介绍的作物生产潜力逐级订正法,计算主要作物的生产潜力,比较由于所在一级区种植模式改变引起的作物生产潜力的变化。黄淮海水浇地两熟与旱地两熟一熟区（Ⅵ）典型种植模式为冬小麦—夏玉米一年两熟;东北平原丘陵半湿润温凉作物一熟区（Ⅳ）的主要种植模式为春玉米一熟;东北西北低高原半干旱温凉作物一熟区（Ⅲ）的主要种植模式选择在北部为春小麦一熟种植,在南部为冬小麦一熟种植。与时段Ⅰ相比较,时段Ⅱ内辽宁的大连、绥中和锦州种植模式从一年一熟春玉米变化为一年两熟冬小麦—夏玉米;黑龙江的孙吴、克山和明水种植模式从春小麦变化为春玉米;山西的阳泉种植模式从一年一熟冬小麦变化为一年两熟冬小麦—夏玉米;河北的遵化种植模式从一年一熟春小麦变化为一年两熟冬小麦—夏玉米,具体见表 4.1。

表 4.1　我国北方地区一级区种植界限变化敏感带作物生产潜力变化

| 一级区变动情况 | 站点 | 时间段 | 作物生产潜力（kg·hm⁻²） | | | |
| --- | --- | --- | --- | --- | --- | --- |
| | | | 春小麦 | 春玉米 | 冬小麦—夏玉米 | 冬小麦 |
| 由Ⅳ区变化为Ⅵ区 | 辽宁省大连 | 1950s—1980 | — | 12 834 | — | |
| | | 1981—2007 | | | 6 375＋9 278 | |
| | | 增值* | | | 2 819 | |
| | 辽宁省绥中 | 1950s—1980 | — | 13 073 | — | |
| | | 1981—2007 | | | 5 542＋9 228 | |
| | | 增值 | | | 1 697 | |
| | 辽宁省锦州 | 1950s—1980 | — | 12 800 | — | |
| | | 1981—2007 | | | 5 007＋9 212 | |
| | | 增值 | | | 1 419 | |

| 一级区变动情况 | 站点 | 时间段 | 作物生产潜力(kg·hm⁻²) | | | |
| --- | --- | --- | --- | --- | --- | --- |
| | | | 春小麦 | 春玉米 | 冬小麦—夏玉米 | 冬小麦 |
| 由Ⅲ区变化为Ⅵ区 | 山西省阳泉 | 1950s—1980 | — | — | — | 3 716 |
| | | 1981—2007 | — | — | 4 289+8 430 | — |
| | | 增值 | 9 003 | | | |
| | 河北省遵化 | 1950s—1980 | 6 482 | — | — | — |
| | | 1981—2007 | — | — | 4 502+8 064 | — |
| | | 增值 | 6 084 | | | |
| 由Ⅲ区变化为Ⅳ区 | 黑龙江省孙吴 | 1950s—1980 | 5 743 | — | — | — |
| | | 1981—2007 | — | 7 189 | — | — |
| | | 增值 | 1 446 | | | |
| | 黑龙江省克山 | 1950s—1980 | 5 550 | — | — | — |
| | | 1981—2007 | — | 9 512 | — | — |
| | | 增值 | 3 962 | | | |
| | 黑龙江省明水 | 1950s—1980 | 5 386 | — | — | — |
| | | 1981—2007 | — | 8 597 | — | — |
| | | 增值 | 3 211 | | | |

*增值表示 1981—2007 年作物生产潜力减去 1950s—1980 年的作物生产潜力。

在全球气候变化背景下,我国北方地区时段Ⅱ较时段Ⅰ,热量资源和降水资源都有相应的变化,种植制度一级区的界限随之发生变化,在种植制度界限变化敏感地带种植模式亦发生改变,由于种植模式改变带来作物生产潜力的变化。表 4.1 为种植界限变化敏感地带作物生产潜力变化特征,从表 4.1 中可以看出,Ⅳ区与Ⅵ区交界种植制度变化敏感地带,种植模式从春玉米变为冬小麦—夏玉米,与时段Ⅰ相比,时段Ⅱ内大连、绥中、锦州的作物生产潜力分别增加了 2 819,1 697 和 1 419 kg·hm⁻²,平均为 1 978 kg·hm⁻²,相对于原来的种植模式,作物生产力分别提高 22.0%、13.0% 和 11.1%,平均为 15.3%。Ⅲ区与Ⅵ区交界种植制度变化敏感地带,与时段Ⅰ相比,时段Ⅱ内作物生产潜力平均增加 7 544 kg·hm⁻²,其中阳泉种植模式从冬小麦变化为冬小麦—夏玉米,作物生产潜力增加 9 003 kg·hm⁻²,相对于原来的种植模式作物生产力提高 242.2%;遵化种植模式从春小麦变化为冬小麦—夏玉米,作物生产潜力增加 6 084 kg·hm⁻²,相对于原来的种植模式,作物生产力提高 93.9%。Ⅲ区与Ⅳ区交界种植制度变化敏感地带,种植模式从春小麦变化为春玉米,与时段Ⅰ相比,时段Ⅱ内孙吴、克山、明水的作物生产潜力分别增加了 1 446,3 962 和 3 211 kg·hm⁻²,平均为 2 873 kg·hm⁻²,相对于原来的种植模式,作物生产潜力分别提高 25.2%,71.4% 和 59.6%,平均为 51.7%。

## 4.2.2　南方地区种植制度一级区界限变化及其对粮食作物产量的影响

（1）气候变化对我国南方地区种植制度一级区界限的影响

利用种植制度一级区划分指标,考虑热量资源和降水资源的共同作用,分析气候变化背景下,与时段Ⅰ相比,近30年来(时段Ⅱ)气候变化对我国南方地区种植制度一级区界限变化可能的影响,结果见图4.5。图4.5中蓝色线表示时段Ⅰ的种植制度一级区界限,红色线表示时段Ⅱ的种植制度一级区界限(赵锦 等,2010)。从图4.5可以看出我国北方地区,与时段Ⅰ相比,时段Ⅱ一级区的种植界限有不同程度的变化,东北部种植界限空间位移大,而西南部变化不明显。

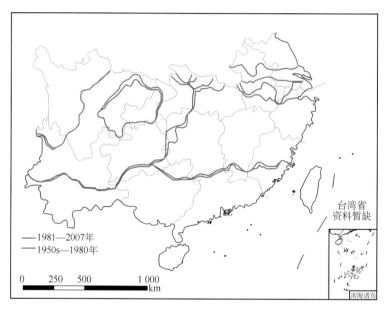

图4.5　气候变化对我国南方地区种植制度一级区界限影响

从图4.5可以看出,Ⅵ区表示的黄淮海水浇地两熟与旱地两熟一熟区(图中只显示南方部分),其南界平均向北移动了约81 km(即纬向变化为44′);Ⅷ区表示的江淮平原丘陵麦稻两熟区整体向北推移,北界平均向北移动了约81 km,其南界平均向北移动了约64 km(即纬向变化为35′),区域总面积扩大;Ⅸ区表示的四川盆地水旱两熟三熟区北界在四川东北部向南移动约0.10个纬度;Ⅶ区表示的西南高原山地水田两熟旱地两熟一熟区,其西界变化较小,仅向西推进了约0.02个纬度,东南界在湖南西北部和湖北北部平均向西推进0.14个纬度,而由于Ⅸ区面积缩小,Ⅶ区面积变化不大;Ⅹ区表示的长江中下游平原丘陵水田三熟两熟区,北界平均向北移动了约64 km,包括了安徽东部、江苏南部、浙江北部和上海,南界无明显变化,仅平均向北移动了约20 km(即纬向变化为11′),其西界平均向西推进了约

21′,区域总面积扩大;XI区表示的华南晚三熟两熟与热三熟区,其北界平均向北移动了约 20 km,区域面积扩大。

VI区、VII区、VIII区及IX区均属于一年两熟带,其北界(即一熟与两熟的分界线)空间位移变化很小,而南界(即两熟与三熟的分界线)大幅向北移动,结果是区域总面积缩小;X区和XI区属于一年三熟带,其北界(即两熟与三熟的分界线)大幅向北推进,区域总面积扩大。

(2)南方地区一级区的变化对产量的影响

由于南方地区种植制度一级区的种植模式类型多样,为使分析结果具有可比性,我们根据各一级区生产实际状况设定每个区域的典型种植模式,依据中国种植业信息网南方各省 2000—2007 年的产量数据,计算平均产量,得到一级区各省份不同种植模式的平均粮食产量,进而得出种植制度一级区界限变化敏感带内单位面积周年作物产量的变化情况,结果见表 4.2。由图 4.5 看出,VI区与VIII区交界地带变化明显,两个时段相比,种植制度一级区变动主要是VIII区的整体北移,变动区域主要在安徽、江苏两省,表现为VI区变成VIII区,即由时段 I 的冬小麦—夏玉米种植模式变为冬小麦—中稻种植模式。根据该区各省 2000—2007 年实际产量数据比较得出,因为种植模式的改变,单位面积周年作物单产在安徽省可增加 22%,在江苏省可增加 29%。由于VIII区界限北移,其与X区交界地带由VIII区变成X区,水田的种植模式若由冬小麦—中稻种植模式改为冬小麦—早稻—晚稻种植模式,粮食单产在湖北、安徽、江苏、浙江和上海可分别增加 26%、36%、35%、44%和58%;旱地种植模式若由冬小麦—夏玉米模式改为冬小麦—早稻—晚稻模式,粮食单产在湖北、安徽、江苏、浙江、上海可分别增加 86%、67%、74%、100%和76%。VII区与X区交界地带在湖南省西北部由VII区变成X区,其单位面积周年作物单产至少可增加 53%。另外,VII区与非粮食种植区交界地带以及VII区与XI区交界地带界限也有小幅移动,其变动区域的单位面积周年作物单产也有不同程度增加(赵锦 等,2010)。

表 4.2　南方地区一级区变化区域各省的粮食产量变化　　单位:%

| 省份 | 由VI区变化为VIII区 | 由VIII区变化为X区 | | 由VII区变化为X区 | |
|---|---|---|---|---|---|
| | 由麦玉改为麦稻 | 由麦稻改为麦稻稻 | 由麦玉改为麦稻稻 | 由麦稻改为麦稻稻 | 由麦玉改为麦稻稻 |
| 湖南 | | | | 53 | 105 |
| 湖北 | | 26 | 86 | | |
| 安徽 | 22 | 36 | 67 | | |
| 江苏 | 29 | 35 | 74 | | |
| 浙江 | | 44 | 100 | | |
| 上海 | | 58 | 76 | | |

注:麦玉为冬小麦—夏玉米种植模式;麦稻为冬小麦—中稻种植模式;麦稻稻为冬小麦—早稻—晚稻种植模式。

　　总体而言,由于气候变化带来的种植界限可能变化对变化区域内的单位面积周年作物产量带来不同程度的影响,因此各种植制度一级区的单位面积周年作物产量均表现为增加趋势。

# 4.3　未来气候情景对中国种植制度可能影响

　　从 20 世纪 80 年代开始,IPCC 先后组织世界各国主要研究机构的科学家们开展了广泛的气候变化研究,尤其是对人类活动可能引起的未来气候变化进行了全面、客观、科学的评估。IPCC 全球气候变化的预估主要是在不同排放情景下,利用气候模式进行长时间积分得到的(《气候变化国家评估报告》编写委员会,2007)。IPCC 第四次评估报告使用更为先进、更为复杂也更真实的大量气候模式,以及关于碳循环反馈和气候观测制约因素的最新资料,模拟得到 21 世纪末全球地表温度(较 1980—1999 年平均)升高 1.1~6.4 ℃(《第二次气候变化国家评估报告》编写委员会,2011)。

　　本书的未来气候情景选择温室气体排放情景(special report on emissions scenarios,SRES)的高经济发展条件下能源种类平衡发展排放情景(A1B)(Buhe,2003;Parrya et al.,2004),基于国家气候中心提供的全球气候模式输出的 2011—2050 年逐日平均气温和降水量(Giorgi et al.,2002,2003;Xu et al.,2010),采用双线性插值方法将栅格点数据插值到各气象台站。在此基础上分析与 1950s—1980 年相比较未来 30 年(2011—2040 年)和 21 世纪中叶(2041—2050 年)气候变暖后所引起的我国种植制度零级带一年两熟和一年三熟种植界限以及作物种植北界变化特征。

## 4.3.1　未来气候情景下 21 世纪中期种植制度界限空间位移预估

　　采用刘巽浩和韩湘玲提出的中国种植制度气候区划指标体系,未来 30 年(2011—2040 年)和 21 世纪中叶我国一年两熟和一年三熟种植界限可能变化见图 4.6。

　　图 4.6 为与 1950s—1980 年(时段Ⅰ,下同)相比,A1B 气候变化情景下 2011—2040 年(时段Ⅱ,下同)和 2041—2050 年(时段Ⅲ,下同)全国种植制度零级带一年两熟和一年三熟的可能变化分布图。从图 4.6 可以看出:①随着温度升高,积温增加,与时段Ⅰ相比,时段Ⅱ和时段Ⅲ的一年两熟带和一年三熟带都不同程度向北移动。②与时段Ⅰ相比,基于未来情景的时段Ⅱ和时段Ⅲ气候资料分别确定了一年一熟区和一年两熟区分界线,一年两熟种植北界空间位移最大的省份为陕西省和辽宁省。其中在陕西省境内分别向北移动了 130 和 160 km。辽宁省南部地区,时

段Ⅰ仅有 40°1′～40°5′N 之间的小片区域可以一年两熟,而未来情景时段Ⅱ一年两熟种植北界可移动到辽宁省的绥中、锦州、营口、熊岳、瓦房店和皮口附近,未来情景时段Ⅲ一年两熟种植北界可移动到辽宁省东南部的沈阳、本溪、鞍山、岫岩、丹东以南地区及锦州和黑山以东地区。同时内蒙古东部与辽宁接壤的小片区域,从气候资源角度考虑种植制度可以由一年一熟变为一年两熟。③与时段Ⅰ相比,由未来时段Ⅱ和未来时段Ⅲ气候资料分别确定的一年两熟区和一年三熟区分界线,一年三熟种植北界空间位移最大的区域在云南、贵州、湖北、安徽、江苏和浙江省境内。其中,在云南和贵州省境内,分别向北移动 40 和 70 km;在长江中游平原区的湖北省境内,分别向北移动 200 和 300 km;长江下游平原区(浙江、江苏、安徽一带),分别向北移动 200 和 330 km。

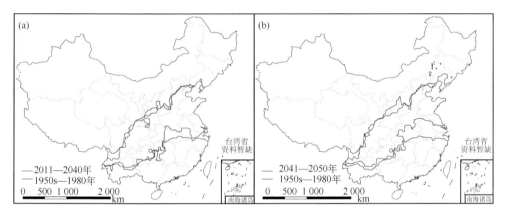

图 4.6　未来气候情景下我国一年两熟(a)和一年三熟(b)种植北界的可能变化

综上所述,随着温度升高,积温增加,与 1950 s—1980 年相比,未来气候情景下 2011—2040 年和 2041—2050 年的一年两熟种植界限和一年三熟种植界限都不同程度向北移动。其中一年两熟种植北界空间位移最大的省份为陕西省和辽宁省,一年三熟种植北界空间位移最大的区域在云南、贵州、湖北、安徽、江苏和浙江省境内。在不考虑作物品种变化和社会经济等方面因素的前提下,这些区域由一年一熟变为一年两熟或由一年两熟变为一年三熟,主体种植模式的改变可以带来单位面积周年粮食产量不同程度的提高(杨晓光 等,2011)。

## 4.3.2　不同升温情景下我国种植制度界限空间位移预估

为定量预估不同升温情景下我国种植制度界限空间位移,以 1961—1990 年为基准点,预估温度升高 1,2,3 和 6 ℃情景下,一年两熟和一年三熟种植北界及面积的变化特征。

不同升温情景下我国一年两熟种植北界和面积的可能变化见图 4.7。从图

4.7 中可以看出,与 1961—1990 年基准时段相比,温度升高 1 ℃,我国一年两熟种植界限变化为:西南地区向北可扩展 18 km,该区域一年两熟面积可增加 2.5 万 km²;甘肃南部、内蒙古中部、山西、陕西等地一年两熟种植北界可向北移动 29～88 km,该区域一年两熟面积可增加 8.9 万 km²;东北地区一年两熟种植北界向北移动 22～110 km,该区域一年两熟种植面积可增加 2.8 万 km²。由此可见,温度升高 1 ℃,不同区域一年两熟种植北界不同程度北移,由此带来一年两熟种植面积增加为14.2 万 km²。

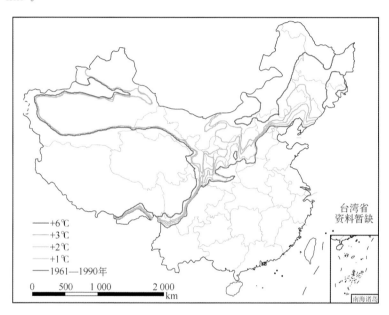

图 4.7　不同升温情景下我国一年两熟种植北界和面积的可能变化

　　温度升高 2 ℃,我国一年两熟种植界限变化为:在西南地区种植北界可北移西扩 35 km,该区域一年两熟种植面积可增加 3 万 km²;甘肃南部、内蒙古中部、山西、陕西等地一年两熟种植北界可北移 100～250 km,该区域一年两熟面积可增加 32 万 km²;东北地区一年两熟种植北界平均可移动 160 km,该区域一年两熟种植面积可增加 6.9 万 km²。由此与基准时段相比,温度升高 2 ℃,不同区域一年两熟种植北界不同程度北移,我国一年两熟种植面积可增加 41.9 万 km²。

　　温度升高 3 ℃,我国一年两熟种植界限变化为:在西南地区北移西扩约 46 km,该区域一年两熟种植面积可增加 4 万 km²;甘肃南部、内蒙古中部、山西、陕西等地一年两熟种植北界可北移 156～354 km,该区域一年两熟种植面积可增加 50 万 km²;东北地区一年两熟种植北界可移动 96～456 km,该区域一年两熟种植面积可增加17.5 万 km²。由此与基准时段相比,温度升高 3 ℃,不同区域一年两熟种植北界不同程度北移,我国一年两熟种植面积可增加 71.5 万 km²。

温度升高 6 ℃,我国一年两熟种植界限变化为:在西南地区北移西扩约99 km,该区域一年两熟种植面积可增加 8.5 万 km²;甘肃南部、内蒙古中部、山西、陕西等地平均北移约352 km,一年两熟种植面积可增加 80 万 km²;东北地区一年两熟种植北界可移动 960 km,一年两熟种植面积可增加 68 万 km²。由此与基准时段相比,温度升高 6 ℃,不同区域一年两熟种植北界不同程度北移,我国一年两熟种植面积可增加 156.5 万 km²。

不同升温情景下我国一年三熟种植北界和面积的可能变化见图 4.8。从图 4.8 可以看出,与 1961—1990 年基准时段相比,温度升高 1 ℃,西南地区云南、贵州、四川一年三熟种植界限平均北移 91 km;湖南省一年三熟种植界限北移75 km;长江中下游地区一年三熟种植界限变化最大,平均北移约250 km。温度升高1 ℃,不同区域一年三熟种植北界不同程度北移,由此带来一年三熟种植面积可增加 3 480 km²。

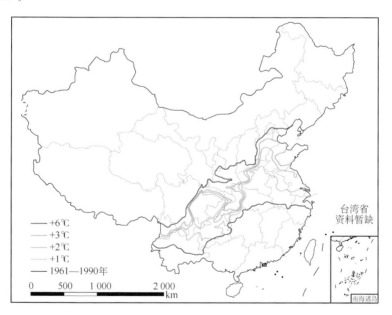

图 4.8　不同升温情景下我国一年三熟种植北界和面积的可能变化

与 1961—1990 年基准时段相比,温度升高 2 ℃,西南地区云南、贵州、四川一年三熟种植界限平均北移 215 km;湖南省一年三熟种植界限北移 125 km。温度升高 2 ℃,不同区域一年三熟种植北界不同程度北移,由此带来一年三熟种植面积可增加 7 140 km²。

与 1961—1990 年基准时段相比,温度升高 3 ℃,西南地区云南、贵州、四川一年三熟种植界限平均北移 349 km,移出了湖南省;长江中下游的三熟制种植北界移至河南省北界、河北省的西界附近,平均移动距离约达 418 km。温度升高 3 ℃,一年三熟种植面积可增加 7 970 km²。

与 1961—1990 年基准时段相比,温度升高 6 ℃,一年三熟种植北界与基准时段的一年两熟种植北界基本吻合:西南地区平均北移 428 km;长江中下游的三熟种植北界移出河南省,至河北省西界,经北京至辽宁省南界,平均北移达 840 km 左右。温度升高 6 ℃,一年三熟种植面积可增加 13 万 km²。

# 4.4　小结

本章重点分析了气候变暖背景下,与 1950s—1980 年相比,最近 30 年及未来 30 年、21 世纪中叶及不同升温情景下我国一年两熟和一年三熟种植北界可能的变化,以及气候变化背景下我国 11 个一级区种植界限的变化。所得结论可为我国农作物区域布局和结构调整、品种选择及栽培耕作技术优化等提供有重要价值的科学依据。

一个地区实际的种植制度不仅取决于气候资源,同时受土壤条件、品种特性、生产水平、经济环境、市场需求、劳动力资源及技术水平等因素综合影响。可见种植制度变革是十分复杂的问题。涉及气候变化背景下气候变暖对种植制度带来的可能影响,这为种植制度实现变革提供前提和资源保障,但气候变暖带来种植制度的可能变化能否成为现实,仍需与经济效益、社会效益等诸多因素结合考虑。

# 参 考 文 献

《第二次气候变化国家评估报告》编写委员会.2011.第二次气候变化国家评估报告.北京:科学出版社:19,162.

郝志新,郑景云,陶向新.2001.气候增暖背景下的冬小麦种植北界研究—以辽宁省为例.地理科学进展,**20**(3):254-261.

纪瑞鹏,班显秀,张淑杰.2003.辽宁冬小麦北移热量资源分析及区划.农业现代化研究,**24**(4):264-266.

金之庆,方娟,葛道阔,等.1994.全球气候变暖影响我国冬小麦生产之前瞻.作物学报,**20**(2):186-197.

李克南,杨晓光,刘志娟,等.2010.全球气候变暖对中国种植制度可能影响Ⅲ.中国北方地区气候资源变化特征及其对种植制度界限的可能影响.中国农业科学,**43**(10):2 088-2 097.

刘巽浩,韩湘玲.1987.中国的多熟种植.北京:北京农业大学出版社:28,29-45.

《气候变化国家评估报告》编写委员会.2007.气候变化国家评估报告.北京:科学出版社:133.

王馥棠.2002.近十年来我国气候变暖影响研究的若干进展.应用气象学报,**13**(6):754-766.

王绍武.1994.近百年气候变化与变率的诊断研究.气象学报,**52**(3):261-273.

杨晓光,刘志娟,陈阜.2010.全球气候变暖对我国种植制度可能影响 I.气候变暖对我国种植制度北界和粮食产量的可能影响分析.中国农业科学,**43**(2):329-336.

杨晓光,刘志娟,陈阜.2011.全球气候变暖对中国种植制度可能影响 VI.未来气候变化对中国种植制度北界的可能影响.中国农业科学,**44**(8):1 562-1 570.

张厚瑄.2000a.中国种植制度对全球气候变化响应的有关问题 I.气候变化对我国种植制度的影响.中国农业气象,**21**(1):9-13.

张厚瑄.2000b.中国种植制度对全球气候变化响应的有关问题 II.我国种植制度对气候变化响应的主要问题.中国农业气象,**21**(2):10-13.

赵锦,杨晓光,刘志娟,等.2010.全球气候变暖对中国种植制度可能影响 II.南方地区气候要素变化特征及对种植制度界限可能影响.中国农业科学,**43**(9):1 860-1 867.

朱大威,金之庆.2008.气候及其变率变化对东北地区粮食生产的影响.作物学报,**34**(9):588-1597.

Buhe C. 2003. Simulation of the future change of East Asian monsoon climate using the IPCC SRES A2 and B2 scenarios. *Chinese Science Bulletin*,**48**(10):1 024-1 030.

Giorgi F,Mearns L O. 2002. Calculation of average,uncertainty range and reliability of regional climate changes from AOGCM simulations via the 'Reliability Ensemble Averaging(REA)' method. *Journal of Climate*,**15**(10):1 141-1 158.

Giorgi F,Mearns L O. 2003. Probability of regional climate change based on the Reliability Ensemble Averaging(REA)method. *Geophysical Research Letters*,**30**(12):1 629-1 632.

Parrya M L,Rosenzweig B C,Iglesias A,et al. 2004. Effects of climate change on global food production under SRES emissions and socio-economic scenarios. *Global Environmental Change*,**14**:53-67.

Wang F T. 1997. Impact of climate change on cropping system and its implication for agriculture in China. *Acta Meteorologica Sinica*,**11**(4):407-415.

Xu Y,Gao X J,Giorgi F. 2010. Upgrades to the REA method for producing probabilistic climate change projections. *Climate Research*,**41**:61-81.

# 第5章　气候变化对中国主要作物种植界限影响

全球气候变暖背景下,我国各区域农业气候资源亦发生相应的变化,为各地区作物结构布局和作物种植界限变化提供了热量资源基础。本章主要基于过去和未来气候资料,结合前人作物种植界限指标,定量评价气候变暖对三大粮食作物种植界限和适宜区的影响,以及气候变化对热带和亚热带作物种植界限的影响。

## 5.1　气候变化对冬小麦种植界限影响

小麦是我国三大粮食作物之一,2008 年统计资料显示,小麦占粮食作物总产量的 21.3% 和面积的 22.1%,而冬小麦产量占全国小麦总产量的 94.6%(中华人民共和国农业部,2009)。在全球变暖,尤其是冬季明显增温、极端天气气候事件增多的背景下,冬小麦种植北界北移及抗寒性弱的冬小麦品种向北、向西扩展。在实际生产中,种植者有意识地主动适应气候变暖趋势,选择冬性弱且产量潜力高的品种替代冬性强且产量低的品种,但由于品种的选择不合理加之气候变化背景下极端天气气候事件加剧,实际生产中冬小麦冻害时有发生,对冬小麦生产带来严重影响。因此,明确气候变暖对我国冬小麦不同冬春性品种种植区界限的影响,评估气候变暖背景下冬小麦不同冬春性品种跨区种植的冻害风险,对冬小麦优化布局具有重要的理论和实践意义。

### 5.1.1　气候变化对冬小麦种植北界的影响

作者基于崔读昌先生等提出的冬小麦种植北界的界限指标,以 1981 年为分界点,将 1950s—2007 年划分为两个时段,比较全球气候变暖背景下,1981 年以来冬小麦种植北界的可能变化(杨晓光 等,2010)。

在全球气候变暖背景下,冬季温度明显升高,使冬小麦潜在的种植北界不同程度北移西扩。1981—2007 年平均状况与 1950s—1980 年相比,冬小麦种植北界的空间地理位移明显,结果见图 5.1,冬小麦潜在种植北界在辽宁省东部平均向北移动 120 km,西部平均向北移动 80 km;河北省平均向北移动 50 km;山西省平均向北移动 40 km;陕西省东部变化较小,西部平均向北移动 47 km;内蒙古、宁夏一线平均向北移动 200 km;甘肃省西扩 20 km;青海省西扩 120 km。以上结果为基于气候资料计算的冬小麦理论上的潜在的种植北界,在生产中由于栽培技术措施的改进等,实际冬小麦的种植北界与理论结果有些出入。

　　通常冬小麦单产较春小麦高,因此在冬小麦种植界限变化敏感地带,若以冬小麦替代春小麦,小麦单产可大幅度增加。以河北省为例,比较冬小麦种植北界的变动对产量的影响:根据《新中国农业 60 年统计资料》统计结果,1981—2007 年河北省冬小麦产量均高于春小麦产量,冬小麦产量比春小麦产量平均高 25%。由此可以认为河北省冬小麦种植北界的北移,可使冬小麦种植北界界限变化区域的小麦单产量平均增加约 25%,见图 5.2。

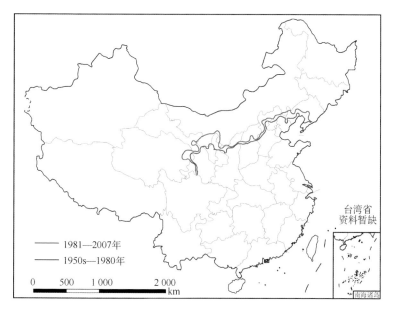

图 5.1　气候变暖背景下冬小麦种植北界空间位移

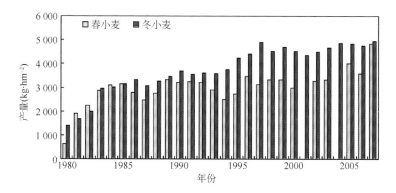

图 5.2　河北省冬小麦和春小麦单产年际变化

(2001 和 2004 年缺春小麦数据)

### 5.1.2　气候变化对冬小麦不同品种适宜区的影响

前人依据冬小麦不同品种春化温度时间需求,将冬小麦划分为春性、弱冬性、冬性和强冬性四种类型。随着气候变暖,冬小麦种植北界北移西扩趋势明显,除了冬小麦种植北界北移外,冬性较强品种不断被冬性较弱品种替代(云雅如 等,2007;邓振镛 等,2010)。综合前人冬小麦区划、冻害和春化需求研究结果,基于气候变化特征,我们将 1950s—2010 年分为 1950s—1980 年(时段 Ⅰ)和1981—2010 年(时段 Ⅱ)两个时段,采用冬小麦冬春性气候生态分区指标、冻害风险评估指标分析气候变暖对冬小麦不同冬春性品种种植界限及其种植区分布的可能影响。

以金善宝(1996)提出的冬小麦不同品种抗年极端最低气温平均值,作为冬小麦不同冬春性品种冻害指标,以冬小麦冻害发生频率($F$)(沈雪芳,1981)为依据将冬小麦冻害分为基本无冻害($F<5\%$)、冻害风险区($5\%\leqslant F<20\%$)、非种植区($F\geqslant20\%$)三个等级,其中以冻害发生频率为 $20\%$ 的等值线作为冬小麦不同冬春性品种的种植北界;同时以崔读昌(1987)提出的冬小麦冬春性气候生态区划指标为依据,采用冬小麦不同冬春性品种完成春化阶段所需日数确定冬小麦不同冬春性品种种植南界,依据北界和南界确定冬小麦各品种类型可种植区域。为了便于比较分析,定义北界变动区域为 Ⅰ 区,南界变动区域为 Ⅲ 区,种植区域不变动区域为 Ⅱ 区(李克南 等,2013)。

(1)冬小麦不同冬春性品种种植界限和可种植面积变化特征

基于冬小麦抗年极端最低气温、冻害风险、完成春化所需日数,确定冬小麦冬春性品种种植界限和可能种植区域变化特征,图 5.3 至图 5.6 分别表示我国冬小麦强冬性品种(SW)、冬性品种(W)、弱冬性品种(WW)、春性品种(SP)种植界限及可种植区域变化特征,图中红线和蓝线分别表示 1950s—1980 年(时段 Ⅰ)和1981—2010 年(时段 Ⅱ)冬小麦种植界限;图中 Ⅰ 区、Ⅱ 区和 Ⅲ 区分别表示与时段 Ⅰ 相比较,时段 Ⅱ 冬小麦可种植区北界北移变动区域、无变动区域和南界北移变动区域。

①冬小麦强冬性品种种植界限和可种植面积变化特征

从图 5.3 中可知,时段 Ⅰ 冬小麦强冬性品种可种植区域的北界为天津—黄骅—东营—沂源—兖州—安阳—运城　西安—天水—武都—康定—丽江—巴塘—波密一线,该区域以北不适宜种植冬小麦强冬性品种,若引种冬性品种,生产中冻害风险高于 $20\%$。与时段 Ⅰ 相比,时段 Ⅱ 除新疆外冬小麦强冬性品种种植北界有北移西扩的变化趋势,其中:宁夏—内蒙古地区北移趋势最大;辽宁—河北次之,分别平均移动 200 和 100 km;青海—甘肃地区西扩趋势明显,变化范围在 20～

120 km之间。因为新疆地区强冬性品种可种植区域位于塔里木盆地,种植界限向西为高山地区,影响种植界限西扩,而向东、向北虽有库鲁克塔格山脉阻挡,但其海拔高度相对较低,在气候变暖背景下可种植冬小麦强冬性品种,新疆地区冬小麦强冬性品种种植界限有北移东扩的变化趋势,强冬性品种可种植区域面积可增加19.42 万 km²。

时段Ⅰ冬小麦强冬性品种可种植区域的南界为东台—寿县—固始—西峡—汉中—武都—小金—九龙—巴塘—察隅一线(图 5.3),考虑春化作用对温度需求,与时段Ⅰ相比较,时段Ⅱ南界有北移西扩的变化趋势,研究区域内强冬性品种可种植南界北移趋势大于西扩,在江苏和安徽等地南界向北推移 90 km,而四川地区南界向西移动小于 10 km,东部较西部明显。

时段Ⅰ冬小麦强冬性品种可种植区域主要分布在山东、河北、河南、江苏北部、安徽北部、山西、陕西、甘肃南部、宁夏南部、新疆南部和西藏南部等地区。与时段Ⅰ相比,时段Ⅱ冬小麦强冬性品种可种植区域整体北移,同时可种植总面积呈增加趋势(见图 5.3),由时段Ⅰ的221.39 万 km² 增加为时段Ⅱ的257.62 万 km²,增加了 36.23 万 km²,尤其内蒙古、新疆、西藏、河北和辽宁等地可种植面积增加显著。由于最低气温的升高趋势大于平均气温,因此冬小麦强冬性品种可种植区域的南界变化趋势小于北界。由于南界移动,冬小麦强冬性品种可种植区域面积减少9.67 万 km²;由于北界北移西扩,冬小麦强冬性品种可种植面积增加 45.90万 km²。

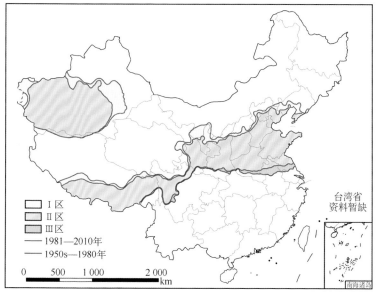

图 5.3　我国冬小麦强冬性品种种植界限及可种植区域变化特征

②冬小麦冬性品种种植界限和可种植面积变化特征

从图 5.4 可知,与时段Ⅰ相比,时段Ⅱ冬小麦冬性品种种植北界北移西扩,研究区域西南部基本没有变化,而研究区域东部变化范围较大,尤其是山东—河北地区北移趋势最明显,种植北界从沂源—兖州一线北移至北京—保定—石家庄—阳泉一线,平均向北移动约 310 km。

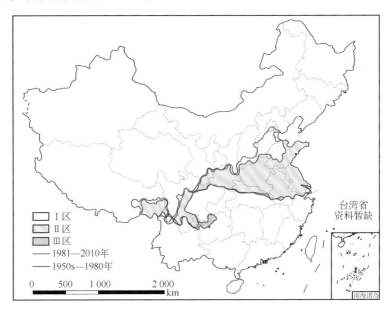

图 5.4　我国冬小麦冬性品种种植界限及可种植区域变化特征

时段Ⅰ冬小麦冬性品种可种植区域的南界为上海—安庆—钟祥—万源—广元—都江堰—汉源—叙永—遵义—威宁—西昌—盐源—中甸—贡山一线。与时段Ⅰ相比较,时段Ⅱ南界有略微北移的趋势,但是变化不明显,仅有湖北的麻城和安徽的安庆地区有部分北移趋势,而贵州的毕节—习水地区向西推移趋势明显(图 5.4),平均向西推移 95 km。

冬小麦冬性品种可种植范围小于强冬性品种,主要表现在新疆和西南地区,时段Ⅰ冬小麦冬性品种可种植区域主要分布在山东东南部、河南、江苏、安徽、湖北西北部、陕西南部、四川中部、西藏东南部等地区。与时段Ⅰ相比,时段Ⅱ冬小麦冬性品种可种植区域北移西扩,且可种植面积呈增加趋势,河北南部和山东北部最明显,由时段Ⅰ的 86.79 万 km² 增加为时段Ⅱ的 104.54 万 km²,增加了 17.75 万 km²(图 5.4)。由于极端最低气温的升高趋势大于平均气温,因此冬小麦冬性品种可种植区域的南界变化趋势小于北界;由于南界移动,冬小麦冬性品种可种植区域面积减少 4.75 万 km²;由于北界北移西扩,冬小麦冬性品种可种植面积增加22.50万 km²。

③冬小麦弱冬性品种种植界限和可种植面积变化特征

由图 5.5 可知,时段Ⅰ冬小麦弱冬性品种种植区域的北界为淮阴—寿县—兴安—郑州—栾川—商州—宝鸡—武都—小金—康定—丽江—维西—德钦—察隅一线。与时段Ⅰ相比,时段Ⅱ冬小麦弱冬性品种种植北界在研究区域西部变化不大,而在研究区域东部北移西扩趋势明显,尤其在安徽、江苏、河南和山东交界之处变化最明显,向北移动 120～370 km。冬小麦弱冬性品种适宜种植区可增加 19.55 万 km²,其中在四川—重庆可种植面积也略微增加,可增加 1.41 万 km²。

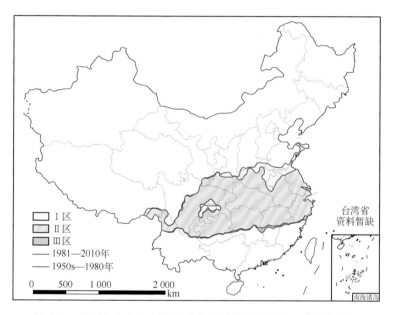

图 5.5　我国冬小麦弱冬性品种种植界限及可种植区域变化特征

时段Ⅰ冬小麦弱冬性品种种植区域的南界为温州—昭武—吉安—衡阳—武冈—盘县—仁和—泸水一线,其中重庆市区、涪陵,以及四川的内江、资阳、遂宁和南充等地区不能种植冬小麦弱冬性品种。与时段Ⅰ相比较,时段Ⅱ南界有略微北移的变化趋势,平均向北移动20 km,移动最大的地方接近 70 km。

时段Ⅰ冬小麦弱冬性品种种植区域主要分布在河南南部、陕西南部、江苏中南部、安徽中南部、浙江、江西北部、湖北、湖南北部、贵州北部、重庆、四川南部等地区。与时段Ⅰ相比,时段Ⅱ冬小麦弱冬性品种种植区域有北移的变化趋势,尤其在安徽、江苏等地区移动较明显,可种植总面积呈增加趋势,由时段Ⅰ的 136.66 万 km² 增加为时段Ⅱ的 152.36 万 km²,增加了 15.70 万 km²。由于极端最低气温的升高趋势大于平均气温,冬小麦弱冬性品种种植区域的南界变化趋势要小于北界;

由于南界移动,冬小麦弱冬性品种可种植区域面积减少 3.85 万 $km^2$;由于北界北移,冬小麦弱冬性品种可种植面积增加 19.55 万 $km^2$;四川、重庆交界的南充等地区冬小麦弱冬性品种非种植区面积减少,共减少 1.53 万 $km^2$。

④冬小麦春性品种种植界限和可种植面积变化特征

从图 5.6 可知,时段Ⅰ冬小麦春性品种种植区域的北界为射阳—合肥—英山—信阳—南阳—镇安—武都—小金—汉源—维西—德荣—察隅一线。与时段Ⅰ相比,时段Ⅱ冬小麦春性品种种植北界北移西扩,其中江苏、安徽和河南地区界限变化明显,种植区域增加 18.82 万 $km^2$,平均向北移动 230 km;陕西的商州—西安—宝鸡地区界限向北推移 56 km;四川的康定—九龙地区界限有向西扩展的趋势,平均向西扩展 50 km,可种植区域面积增加 1.41 万 $km^2$;山东东南部的青岛—烟台等沿海地区冬小麦春性品种可种植面积增加 0.70 万 $km^2$。

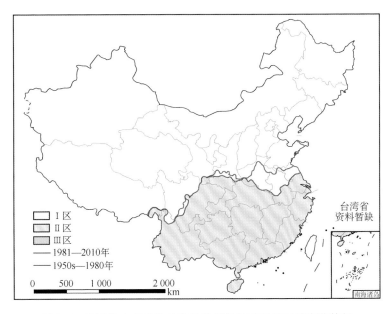

图 5.6　我国冬小麦春性品种种植界限及可种植区域变化特征

冬小麦春性品种由于对春化不敏感,因此种植南界没有变化,时段Ⅰ冬小麦春性品种种植区域主要分布在江苏南部、安徽南部、河南南部、陕西南部、四川东南部、云南、贵州、重庆、湖北、湖南、广西、广东、江西、浙江、福建和海南等地区。与时段Ⅰ相比,时段Ⅱ冬小麦春性品种种植区域有北移西扩的变化趋势,北移的主要区域为河南南部、安徽北部和江苏北部,西扩的主要区域在四川的康定—九龙地区。可种植总面积呈增加趋势,由时段Ⅰ的 213.30 万 $km^2$ 增加为时段Ⅱ的 236.74 万 $km^2$,增加了 23.44 万 $km^2$,结果见表 5.1。

表 5.1　我国冬小麦不同冬春性品种可种植区面积变化特征　　　　单位:万 km²

| 项目 | SW* | SW$_{XJ}$** | W | WW | SP |
|---|---|---|---|---|---|
| 1950s—1980 年 | 141.76 | 79.63 | 86.79 | 136.66 | 213.29 |
| 1981—2010 年 | 158.57 | 99.05 | 104.54 | 152.36 | 236.73 |
| Ⅰ区 | 26.48 | 19.42 | 22.50 | 19.55 | 23.44 |
| Ⅱ区 | 132.09 | 79.63 | 82.04 | 132.81 | 213.30 |
| Ⅲ区 | 9.67 | 0 | 4.75 | 3.85 | 0 |
| 面积增加量 | 16.81 | 19.42 | 17.75 | 15.70 | 23.44 |
| 面积增加百分比(%) | 11.9 | 24.4 | 20.5 | 11.5 | 11.0 |

注:SW 为强冬性,W 为冬性,WW 为弱冬性,SP 为春性;SW* 表示冬小麦强冬性品种可种植面积,不包括新疆地区;SW$_{XJ}$** 表示新疆地区冬小麦强冬性品种可种植面积。

（2）我国冬小麦冬春性品种可种植区域分布

依据冬小麦不同冬春性品种抗寒性特征及完成春化的需求,相同冬春性品种可种植在不同地区,同一地区也可种植不同的冬春性品种。根据上一节冬小麦冬春性品种种植区域分布特征结果,将我国冬小麦可种植区细分为 10 个亚区,分别为冬小麦强冬性品种可种植区(SW)、冬小麦冬性品种可种植区(W)、冬小麦弱冬性品种可种植区(WW)、冬小麦春性品种可种植区(SP)、冬小麦强冬性-冬性品种可种植区(SW-W)、冬小麦强冬性-冬性-弱冬性品种可种植区(SW-W-WW)、冬小麦强冬性-冬性-弱冬性-春性品种可种植区(SW-W-WW-SP)、冬小麦冬性-弱冬性品种可种植区(W-WW)、冬小麦冬性-弱冬性-春性品种可种植区(W-WW-SP)、冬小麦弱冬性-春性品种可种植区(WW-SP),其空间分布特征见图 5.7。表 5.2 为两个时段各种植区的面积及其面积变化量。从图 5.7 和表 5.2 中可知冬小麦强冬性品种可种植区(SW)、冬小麦春性品种可种植区(SP)、冬小麦弱冬性-春性品种可种植区(WW-SP)、冬小麦强冬性-冬性品种可种植区(SW-W)和冬小麦冬性-弱冬性-春性品种可种植区(W-WW-SP)是我国冬小麦主要可种植区。

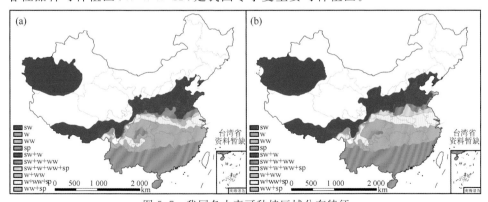

图 5.7　我国冬小麦可种植区域分布特征

(a)1950s—1980 年;(b)1981—2010 年

表 5.2　我国冬小麦可种植区各区变化特征　　　　　　　　　　　　　单位：万 km²

| 项目 | SW | SW-W | SW-W-WW | SW-W-WW-SP | W | W-WW | W-WW-SP | WW | WW-SP | SP |
|---|---|---|---|---|---|---|---|---|---|---|
| 1950s—1980 年 | 174.77 | 30.79 | 12.51 | 3.32 | 3.33 | 6.12 | 30.77 | 0.27 | 83.80 | 95.87 |
| 1981—2010 年 | 199.14 | 33.83 | 11.32 | 13.40 | 4.12 | 1.48 | 40.41 | 0.21 | 85.67 | 97.69 |
| 面积增加量 | 24.37 | 3.04 | −1.19 | 10.08 | 0.79 | −4.64 | 9.64 | −0.06 | 1.87 | 1.82 |
| 面积增加占百分比（%） | 13.9 | 9.9 | −9.5 | 303.6 | 23.7 | −75.8 | 31.3 | −22.2 | 2.2 | 1.9 |

冬小麦强冬性品种可种植区（SW）在时段Ⅰ总面积为 174.77 万 km²，不同省份分布面积由高到低排序为新疆、西藏、甘肃、河北、四川、山西、陕西、山东、宁夏、辽宁、北京、天津、青海、河南和内蒙古[图 5.7(a)]，其中新疆可种植区面积最大，为 79.63 万 km²，而内蒙古仅为 0.02 万 km²。时段Ⅱ冬小麦强冬性品种可种植区（SW）面积为 199.14 万 km²，较时段Ⅰ增加了 24.37 万 km²。因为新疆、宁夏和辽宁等地冬小麦强冬性品种种植北界北移明显，而河北、山东等地冬小麦冬性品种种植北界北移明显覆盖原来冬小麦强冬性品种可种植区，所以新疆、内蒙古、辽宁、宁夏强冬性冬小麦可种植区面积增加，而河北、山东、河南减小。

冬小麦强冬性-冬性品种可种植区域（SW-W）在时段Ⅰ总面积为 30.79 万 km²，不同省份分布面积由高到低排序依次为山东、河南、安徽、西藏、陕西、江苏、山西、四川、甘肃、河北和天津，其中山东可种植区面积最大，为 10.25 万 km²，而天津仅为 0.52 万 km²。时段Ⅱ冬小麦强冬性-冬性品种可种植区（SW-W）面积为 33.83 万 km²，与时段Ⅰ相比增加了 3.04 万 km²。因为冬小麦冬性品种种植北界在河北、山东等地北移明显，而冬小麦弱冬性品种种植北界在安徽、江苏等地北移明显，因此冬小麦强冬性-冬性品种可种植区（SW-W）面积在河北、山西和山东呈现增加趋势，而在河南、安徽和江苏呈下降趋势。

冬小麦强冬性-冬性-弱冬性品种可种植区（SW-W-WW）在时段Ⅰ总面积为 12.51 万 km²，各省份面积由高到低依次为河南、江苏、陕西、安徽、四川、甘肃和湖北，其中河南可种植区面积最大，为 5.85 万 km²。时段Ⅱ冬小麦强冬性-冬性-弱冬性品种可种植区（SW-W-WW）面积为 11.32 万 km²，与时段Ⅰ相比略微下降，减少了 1.19 万 km²。因为在安徽、江苏和河南等地冬小麦春性品种种植北界北移趋势大于冬小麦弱冬性品种种植北界北移趋势，所以冬小麦强冬性-冬性-弱冬性品种可种植区（SW-W-WW）面积在安徽、江苏、河南和陕西减少趋势明显。

受强冬性品种种植南界和春性品种种植北界的限制，冬小麦强冬性-冬性-弱冬性品种-春性品种可种植区域（SW-W-WW-SP）在时段Ⅰ面积仅为 3.32 万 km²，主要分布在陕西、江苏、河南等地，因为冬小麦种植北界北移趋势明显要大于南界北移趋势，所以到时段Ⅱ冬小麦强冬性-冬性-弱冬性-春性品种可种植区（SW-W-WW-

SP)面积变为 13.40 万 km²,增加了 10.08 万 km²。因为冬小麦春性品种可种植北界在河南、江苏、安徽和陕西等地北移趋势较大,所以该地区冬小麦强冬性-冬性-弱冬性-春性品种可种植区(SW-W-WW-SP)面积增加最显著。

冬小麦强冬性、冬性、弱冬性和春性各品种种植区域相互交错,而冬性品种和弱冬性品种种植区域位于四类种植区中部,故冬小麦冬性品种可种植区(W)、冬小麦弱冬性品种可种植区(WW)及冬小麦冬性-弱冬性品种可种植区(W-WW)面积都较小。冬小麦冬性品种可种植区(W)面积在时段Ⅰ仅为 3.33 万 km²,时段Ⅱ有略微增加趋势,增加为 4.12 万 km²,主要分布在四川和西藏等地区;冬小麦弱冬性品种可种植区(WW)面积在时段Ⅰ仅为 0.27 万 km²,时段Ⅱ与时段Ⅰ相比没有明显变化;冬小麦冬性-弱冬性品种可种植区(W-WW)面积在时段Ⅰ为 6.12 万 km²,主要分布于河南、安徽和四川等地,因为冬小麦春性品种种植北界北移趋势大于冬小麦弱冬性品种种植北界北移趋势,所以冬小麦冬性-弱冬性品种可种植区(W-WW)面积时段Ⅱ较时段Ⅰ下降了 4.64 万 km²。

冬小麦冬性-弱冬性-春性品种可种植区(W-WW-SP)在时段Ⅰ总面积为 30.77 万 km²,主要分布在江苏、安徽、河南、湖北、贵州、陕西、甘肃、四川、云南和西藏一线,到时段Ⅱ可种植面积增加到 40.41 万 km²,因为在河南、江苏和安徽等地区,强冬性品种种植南界北移趋势较大,同时春性品种种植北界北移趋势明显,故该地区冬小麦冬性-弱冬性-春性品种可种植区(W-WW-SP)面积增加趋势最显著。

因为冬小麦冬性品种种植南界纬度远高于冬小麦弱冬性品种种植南界,同时冬小麦春性品种可种植范围较广,所以冬小麦弱冬性-春性品种可种植区(WW-SP)分布广泛。因为冬性品种和弱冬性品种种植南界北移趋势不显著,故冬小麦弱冬性-春性品种可种植区(WW-SP)变化并不显著,该区域主要分布在浙江、江西、安徽、两湖及云贵川地区。

冬小麦春性品种可种植区(SP)为冬小麦第二大种植区域,位于江西、湖南、贵州、四川以南地区,因为弱冬性品种种植南界北移趋势不明显,而冬小麦春性品种在我国没有种植南界,故冬小麦春性品种可种植区(SP)随时间略有增加,但增加趋势不显著。

总之,气候变暖、冬季升温为冬小麦冬春性品种可种植区域变化带来了热量保障,基于冬小麦冻害指标和春化指标,比较时段Ⅰ和时段Ⅱ冬小麦冬春性品种种植界限和可种植区的变化特征,研究结果表明:冬小麦冬春性品种种植南界北移趋势远小于北界北移趋势,我国北部地区界限北移大于南部地区,东部地区界限移动大于西部地区。与时段Ⅰ相比,时段Ⅱ内冬小麦强冬性品种种植北界在宁夏—甘肃地区北移 200 km,在河北—辽宁地区北移 100 km,可种植面积增加 36.24 万 km²,新疆地区增加 19.42 万 km²;冬小麦冬性品种种植北界在山东—河北地区北移

310 km,可种植面积增加 17.75 万 km²;冬小麦弱冬性品种种植北界在安徽、江苏、河南和山东交界之处北移 120～370 km,可种植面积增加 15.70 万 km²;冬小麦春性品种种植北界在江苏、安徽和河南地区北移 230 km,可种植面积增加 23.44 万 km²。强冬性、冬性、弱冬性和春性冬小麦可种植区相互交错,在我国按照冬春性品种可分为 10 个可种植区域,冬小麦强冬性品种可种植区(SW)、冬小麦春性品种可种植区(SP)和冬小麦弱冬性-春性品种可种植区(WW-SP)面积最大,在 80 万 km² 以上,在气候变暖背景下有增加趋势;冬小麦弱冬性品种可种植区(WW)、冬小麦冬性品种可种植区(W)和冬小麦冬性-弱冬性品种可种植区(W-WW)面积较小,在 7 万 km² 以下;冬小麦强冬性-冬性-弱冬性-春性品种可种植区(SW-W-WW-SP)和冬小麦冬性-弱冬性-春性品种可种植区(W-WW-SP)等冬小麦冬春性品种相互交错种植区域面积增加趋势显著。

## 5.2　气候变化对双季稻种植界限影响

### 5.2.1　气候变化对双季稻种植北界的影响

水稻是我国三大粮食作物之一,据 2008 年统计资料显示,全国水稻总产量占粮食作物总产量的 36.3%,面积占 22.0%,而南方双季稻产量占全国水稻总产量的 34.3%(中华人民共和国农业部,2009)。气候变化对我国双季稻种植北界影响如何? 气候变化对水稻的生育期和产量带来了怎样的影响? 这是本节的重点。

双季稻三熟制是以双季稻加一季冬季旱作物(冬小麦或冬绿肥)的一年三熟制。世界上一年三熟制主要分布在 20°～32°N 雨热同季的东南亚稻区,我国长江以南的亚热带,正好处在这一地区的中心地带,是双季稻三熟制的主要分布地区。我们基于全国农业区划委员会(1991)提出的双季稻安全种植界限指标,即≥10 ℃ 积温满足 5 300 ℃·d,以 1981 年为分界点,将 1950s—2007 年划分为 1950s—1980 年和 1981—2007 年两个时段,比较全球气候变暖背景下,1981 年以来双季稻种植北界可能变化,具体结果见图 5.8。由图 5.8 可以看出,1981 年以来双季稻可种植界限在浙江省境内平均向北移动 47 km;在安徽省境内平均向北移动 34 km;在湖北省和湖南省境内平均向北移动 60 km(杨晓光 等,2010)。

双季稻种植界限的移动使得双季稻种植界限敏感地带种植模式,可由原有的种植冬小麦—水稻一年两熟变为可以种植双季稻的区域。由于越冬作物的种类性质不同,双季稻可以归纳为多种种植模式:冬绿肥—双季稻三熟制、喜凉越冬作物—双季稻三熟制、喜温越冬作物—双季稻三熟制。根据不同种植模式对温度和水分资源的要求不同,其适宜地区和在各地的发展比例存在较大差异。在现有三熟制模式中,以肥—稻—稻种植模式适应性最广,分布于长江中下游直至华南各省。因此,我们选取由冬小麦—中稻一年两熟种植模式变为绿肥—早稻—晚稻种植模式进行比较,以分析双季稻种植北界的变化对产量的影响。目前,部分地区农民因双季稻费工、投入成本高等原因,并没有实际种植双季稻。但从气候资源条件分析,这些地区能够满足种植双季稻的条件,如果在浙江、安徽、湖北、湖南由麦—稻种植模式改为肥—稻—稻种植模式,以早稻和晚稻替换小麦和中稻,粮食单产分别可增加13.8％、12.2％、1.8％和29.9％。未来气候变暖使这些地区的热量资源更为丰富,如果水资源满足,从热量资源角度分析,越冬作物—双季稻三熟制种植区域仍会扩大。

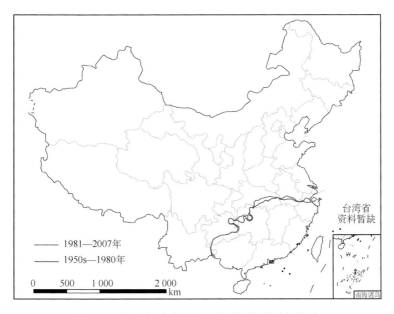

图 5.8　气候变暖对我国双季稻种植北界的影响

## 5.2.2　典型地区双季稻种植界限敏感带高低温灾害风险比较

在南方双季稻区,种植双季稻或单季稻高低温灾害发生风险、产量及经济效益有怎样的差异,一直是人们普遍关注的热点,而在双季稻种植北界敏感地带这种问题更为突出。因此,我们基于本书 5.2.1 节分析结果,选择水稻面积和总产量均占全国 50％以上的长江中下游地区(江苏、浙江、上海、安徽、湖北、湖南和江西)为典型区域进行分析。高温热害和低温冷害是影响当地水稻生产的主要农业气象灾害,而这些灾害在单、双季稻生长季内的发生频率和强度特征不同,此外单季稻、双季稻的产量及经济效益也存在差异。在此利用实际作物资料及水稻模拟模型(ORYZA2000)分析单、双季稻生长季内高温灾害和低温灾害发生风险、产量及其经济效益。

　　根据本书 5.2.1 节结果,长江中下游地区 1981—2010 年与 1950s—1980 年相比,双季稻种植北界变化敏感带见图 5.9。

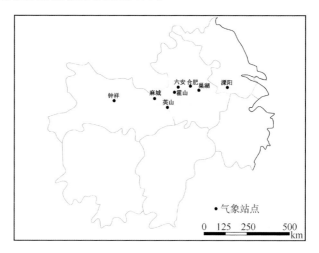

图 5.9　长江中下游地区双季稻种植北界变化敏感带

（1）敏感带单季稻和双季稻生长季内高温和低温灾害风险比较

　　早稻生育期内发生频率最高的灾害是秧田期低温,其发生频率为 95.4％,其次为灌浆—成熟期高温和孕穗—抽穗期高温,发生频率分别为 55.4％ 和 28.8％。晚稻生育期内,孕穗—抽穗期和灌浆—成熟期的低温发生频率远远高于双季早稻和单季稻,分别为 44.6％ 和 60.4％;但在孕穗—抽穗期和灌浆—成熟期内其高温发生频率均较低,分别为 20.0％ 和 8.3％。单季稻生育期内,孕穗—抽穗期和灌浆—成熟期的高温发生频率分别为 59.6％ 和 49.2％,见图 5.10。1981—2010 年,

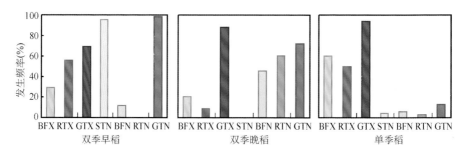

图 5.10　1981—2010 年单、双季稻生育期内不同灾害的发生频率

注:在本节内 BFX 代表孕穗—抽穗期高温;RTX 代表灌浆—成熟期高温;GTX 代表全生育期高温;STN 代表秧田期低温;BFN 代表孕穗—抽穗期低温;RTN 代表灌浆—成熟期低温;GTN 代表全生育期低温

单季稻孕穗—抽穗期的高温发生频率分别较双季早稻和双季晚稻高;而单季稻孕穗—抽穗期低温发生频率低于双季晚稻孕穗—抽穗期的低温发生频率,但高于早稻的低温发生频率。

早稻生育期内,孕穗—抽穗期和灌浆—成熟期的高温次数分别占全生育期高温次数的 31.4% 和 55.6%;而秧田期低温发生次数占全生育期低温次数的 92.6%。从各生育期的高、低温灾害来看,秧田期低温次数的年际间波动最大,其年极端次数达 3.63 次,而孕穗—抽穗期和灌浆—成熟期的高温次数虽然均较低,但二者的年极端发生次数均较高,分别为 1.75 和 1.63 次,见图 5.11。双季晚稻生育期内,孕穗—抽穗期和灌浆—成熟期的高温次数分别仅占全生育期高温次数的 10.4% 和 3.6%,说明双季晚稻的高温主要发生在其生育前期;但低温的发生规律正好相反,孕穗—抽穗期和灌浆—成熟期的低温次数分别占全生育期低温次数的 38.3% 和 61.2%,其中灌浆—成熟期低温次数的年际间变幅最大。单季稻生育期内,孕穗—抽穗期和灌浆—成熟期的高温次数共占全生育期高温次数的 56.3%,年际间波动最大的是孕穗—抽穗期的高温次数。1981—2010 年,单季稻孕穗—抽穗期的高温发生次数分别是双季早稻和双季晚稻的 2.55 和 3.83 倍,双季晚稻孕穗—抽穗期的低温发生次数分别是双季早稻和单季稻的 4.55 和 8.8 倍。

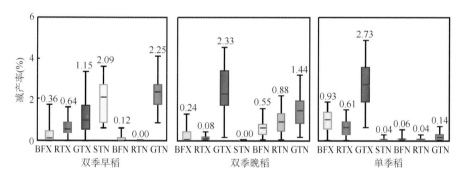

图 5.11　1981—2010 年单、双季稻生育期内不同灾害的发生次数

总之,双季稻中的早稻主要的灾害为秧田期低温和孕穗—抽穗期高温,双季稻中的晚稻主要的灾害为孕穗—抽穗期低温和灌浆—成熟期高温,单季稻主要的灾害为灌浆—成熟期高温和孕穗—抽穗期高温。因此,从避免高温影响的角度出发,建议在单、双季稻种植敏感带种植双季稻;从避免低温影响的角度出发,建议在单、双季稻种植敏感带种植单季稻。

本节着重对比了双季稻和中稻潜在产量的差异,即从理论上评估双季稻和中稻的潜在产量。本节评估的潜在产量为水稻种植在没有水肥限制下所获得的产量。

从图 5.12 可以看出,1981—2010 年,潜在产量最高的是中稻,其区域产量平均达

10 289 kg·hm⁻²，其次是双季晚稻，为 9 100 kg·hm⁻²，最低的是双季早稻，为
8 173 kg·hm⁻²；区域内的安徽、湖北、江苏和上海各省(市)也均表现出同样的趋势。
但从图 5.12 中可见，双季稻(双季早稻＋双季晚稻)的产量则是远远高于中稻的产
量，区域平均比中稻产量高 6 984 kg·hm⁻²，区域内所有站均表现出同样的趋势。

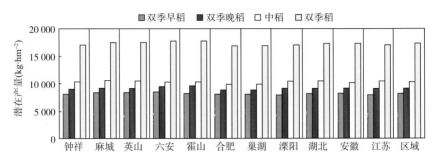

图 5.12　1981—2010 年单、双季稻的潜在产量对比

由此可以看出，虽然中稻的产量高于早稻和晚稻，但却明显低于双季稻的产
量，所以，从保障国家粮食安全的角度来看，敏感带种植双季稻更适宜一些。

(2)敏感带单、双季稻的经济效益对比

从经济效益的角度来看，1981—2010 年，双季早稻和双季晚稻的施氮量分别
为 250 和 200 kg·hm⁻²时，双季稻的净利润最高(为 8 450.8 元·hm⁻²)，中稻的
施氮量为 300 kg·hm⁻²时，其获得的净利润最高(6 312.5 元·hm⁻²)。一年三熟种
植带敏感带"单改双"的最大收益差对应的施氮量和灌溉方式分别为 150 kg·hm⁻²
和从稻田水层消失当日开始灌溉；但不论何种施氮量和灌溉方式下，中稻的净利润
年际间波动均小于双季早稻和双季晚稻。未来情景下，在不施氮时，种植中稻的收
益要大于双季稻；在 25～600 kg·hm⁻²的施氮量下，种植双季稻的收益均大于中
稻，但施肥条件较差的地区，收益会小一些，而施肥条件好的地区，收益要大一些。
在不同灌溉方式下，双季稻的净利润均高于中稻，但双季稻净利润的年际间波动明
显大于中稻。不同施氮量下，双季稻的净利润较中稻高 30.2～2 873.9 元·hm⁻²；
不同灌溉方式下，双季稻的净利润较中稻高 95.3～2 585.6 元·hm⁻²。

# 5.3　气候变化对玉米种植界限影响

## 5.3.1　气候变化对东北玉米种植北界的影响

玉米是我国三大粮食作物之一，2008 年统计资料表明，玉米总产量占全国粮
食作物总产量的 31.4%，面积占 28.0%，东北地区是玉米的主要产区，玉米产量占

全国玉米总产量的 50.6%(中华人民共和国农业部,2009)。东北地区玉米种植北界亦是我国玉米种植的北界,我们以东北地区为例,重点分析气候变暖对该地区玉米不同品种种植北界和产量的影响。

全球气候变暖背景下,东北地区气温升高,积温增加,春玉米安全种植界限北移(Liu *et al*.,2013)。图 5.13 是 80%保证率下的东北三省春玉米早熟、中熟和晚熟品种安全种植北界,由图 5.13 可以看出:

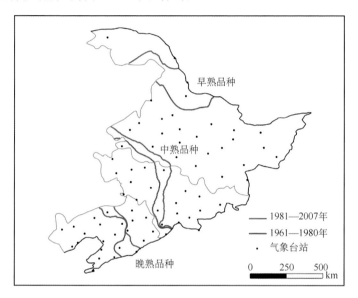

图 5.13　东北三省春玉米早熟、中熟和晚熟品种安全种植北界

(1)与 1961—1980 年相比,1981—2007 年春玉米早熟品种的安全种植北界向北移动,由嫩江—伊春—北安(47.34°~50.6°N)一带向北移动到孙吴—黑河(51°N)一带。

(2)中熟品种的安全种植北界在黑龙江省向北平均移动 0.8 个纬度。吉林省中西部平原地区可种植中熟玉米品种,而东部山区由于海拔较高,积温较低,所以大部分地区不满足中熟品种的积温要求,因此中熟品种在吉林省种植的分界线在前郭尔罗斯—长春—梅河口(125.25°~125.70°E)一带,由于气候变暖,使中熟玉米的安全种植界限平均向东部长白山山区推移了 1 个经度,中熟品种可种植面积扩大了 2.1 万 km²。

(3)黑龙江省除北部一些区域不能种植春玉米早熟品种外,其他地区均可种植。黑龙江省由于纬度高,积温相对较低,绝大部分区域积温不能满足春玉米中熟品种生长发育的要求,只有松嫩平原南部的小片区域可以种植中熟品种。晚熟品种在黑龙江不能种植。

　　(4)辽宁省由于纬度最低,积温相对较高,但其北部部分地区由于热量条件的限制,1980 年之前不能种植晚熟的玉米品种,安全种植的分界线在彰武—沈阳—本溪—岫岩[(42.68°N,122.91°E)~(40.24°N,124.54°E)]一带,但气候变暖后种植界限移动到彰武—沈阳—本溪—丹东[(42.68°N,122.2°E)~(39.82°N,123.34°E)]一带,可种植面积增加了 1.6 万 km²。

　　气候变暖背景下,气候极端年份出现频率增加。图 5.14 为 1961—2007 年东北三省春玉米早熟、中熟和晚熟品种的种植北界的分布状况。从图 5.14 可以看出,由北向南共有三条等值线,其中最北和最南的两条线反映气候的极端状况,分别代表 1961—2007 年中由热量最高年和热量最低年的积温条件确定的玉米种植北界,中间一条线为 1961—2007 年春玉米不同熟性品种的安全种植北界。

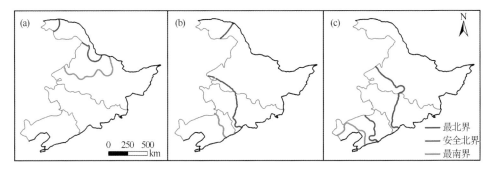

图 5.14　1961—2007 年东北三省春玉米早熟(a)、中熟(b)和
晚熟(c)品种种植最北界、最南界以及安全种植北界

　　同时我们将过去 50 年(1961—2007 年)细分为 5 个时段,图 5.15 为东北地区春玉米不同熟性品种的 1960s(1961—1970 年)、1970s(1971—1980 年)、1980s(1981—1990 年)、1990s(1991—2000 年)和 2000s(2001—2007 年)各年代安全种植北界。比较东北地区春玉米不同熟性品种安全种植北界的年代际变化,可以得出三种熟性品种的种植界限最北的一条均出现在 2001—2007 年,最南的一条均出现在 1970s。因此,东北地区春玉米安全种植北界随着年代变化并不是呈逐渐北移的趋势,而是自 1960s 开始先北移,1970s 以后开始逐步南移。对极端年份及极端年代春玉米不同熟性品种种植北界的研究表明:

　　(1)早熟品种

　　早熟品种的种植北界最北的年代为 2001—2007 年,种植界限最南出现在 1970s,空间位移从北纬 49°N 变化到 52°N。早熟品种最北和最南种植界限出现的年份分别为 2000 和 1992 年,因此过去近 50 年东北地区春玉米早熟品种种植北界的变化范围为 47°~53°N,最大波动范围为 6 个纬度。

（2）中熟品种

黑龙江省春玉米中熟品种种植界限由 1970s 的 45°N 变动到 2001—2007 年的 47°N。由于吉林省自西向东海拔逐渐升高,积温呈现明显的纬向分布(自西向东逐渐增加),因此随着气候的变暖种植界限呈现出明显的纬向变动。最西和最东的种植界限分别出现在 1970s(125°E) 和 2001—2007 年(127°E)。春玉米中熟品种最北和最南种植界限出现的年份分别为 2000 和 1972 年,因此过去近 50 年东北地区春玉米中熟品种种植北界的变化范围为 42°～52°N,最大波动范围为 10 个纬度。

（3）晚熟品种

春玉米晚熟品种种植北界最北的种植界限出现在 2001—2007 年,最南的种植界限出现在 1970s,变化范围从 41°N 变动到 43°N。过去近 50 年东北地区春玉米晚熟品种种植北界的最北界和最南界分别出现在 2000 和 1976 年,因此过去近 50 年东北地区春玉米晚熟品种种植北界的变化范围为 40°～48°N。

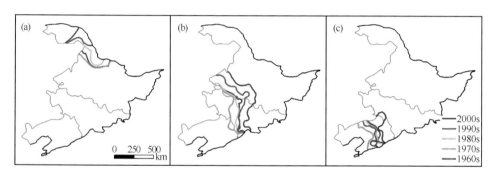

图 5.15　1960s,1970s,1980s,1990s 和 2000s 东北三省春玉米早熟(a)、
中熟(b)和晚熟(c)品种安全种植北界

## 5.3.2　东北玉米种植北界变化对玉米产量的可能影响

为了定量说明春玉米中晚熟品种替代早中熟品种对玉米产量的贡献,我们利用玉米品种区域试验,分析品种替代后产量的变化。结果表明:当早熟品种被中熟品种替代后,在相同的气候和土壤条件下,中熟品种的生育期较早熟品种长,玉米单产可增加 9.8%;当中熟品种被晚熟品种替代后,在相同的气候和土壤条件下,晚熟品种的生育期比中熟品种长,玉米单产可增加 7.1%(图 5.16)。即相当于生育期每延长 1 d,玉米产量增加 0.8%～1.2%,相当于每公顷增产 90 kg。同时可以预估,未来气候变暖的情况下,早熟玉米区可以种植晚熟玉米品种,此时可以使玉米单产增加约 17.6%(Liu *et al*.,2013)。

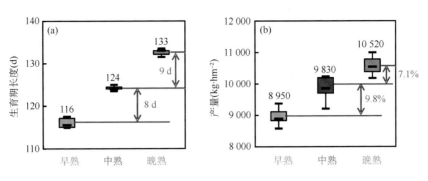

图 5.16    东北地区玉米不同熟性品种生育期长度(a)及产量(b)

### 5.3.3    春玉米不同熟性品种种植敏感带低温和干旱风险

（1）低温冷害变化特征

低温冷害是影响东北地区春玉米生长发育的主要农业气象灾害之一,气候变化背景下东北地区严重低温冷害发生频率年代际变化趋势见图 5.17。从图 5.17可以看出,20 世纪 60 年代,冷害发生频率最高,受害范围较广,尤其是以黑龙江北部为严重低温冷害发生频率较高地区,其中孙吴县发生频率最高,平均约为两年一遇;70 年代次之;80 年代黑龙江西北部、东南部及吉林省东南部严重低温冷害发生频率较高,辽宁省大部分地区冷害较严重,到 90 年代显著减少,21 世纪初频率较低(赵俊芳 等,2009)。由此可见,由于气候变暖,东北三省严重低温冷害在不同年代呈现频率减少趋势,但由于极端天气气候事件增加及东北不同地区温度波动幅度差异较大,个别地区低温冷害发生频率反而增加。

分析不同熟性玉米品种的种植界限变化与低温冷害的关系,得知:随着不同熟性玉米品种种植区域北移东延,在春玉米不同熟性品种种植变化敏感地带内,由中、晚熟品种替代早、中熟品种,玉米生育期延长,敏感带严重低温冷害出现频率明显增加(表 5.3),种植风险也在加大。与 1961—1980 年相比,在 1981—2007 年晚熟品种从吉林省的镇赉县向北延伸到黑龙江省的甘南县,严重低温冷害发生频率从 12％变化到 21％。中熟品种从黑龙江省的嘉荫县向北延伸到呼玛县,严重低温冷害发生频率从 18％变化到 27％。

（2）干旱灾害变化特征

东北地区玉米生长季内一般不灌溉,水分主要来源是自然降水。一般用缺水率来表示自然降水对玉米需水量的满足程度,用降水量与作物需水量差占总需水量的比例来表示。由表 5.4 可以看出,各种植敏感带内不同生育阶段缺水率总体均有所增加。

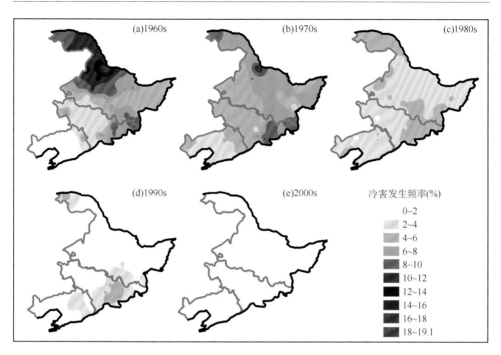

图 5.17　1960s—2000s 东北三省夏玉米严重低温冷害发生频率年代际变化趋势

表 5.3　春玉米不同熟性品种种植界限严重冷害发生频率

| 品种熟性 | 1960s | | 2000s | |
|---|---|---|---|---|
| | 种植界限 | 最大严重冷害频率(%) | 种植界限 | 最大严重冷害频率(%) |
| 晚熟 | 吉林省镇赉县 | 12 | 黑龙江省甘南县 | 21 |
| 中熟 | 黑龙江省嘉荫县 | 18 | 黑龙江省呼玛县 | 27 |

表 5.4　春玉米不同熟性品种种植界限缺水率　　　　单位:%

| 年代 | 熟性 | 富裕 | 齐齐哈尔 | 安达 | 哈尔滨 | 丹东 |
|---|---|---|---|---|---|---|
| 1960s | 中熟 | 21 | 24 | 31 | 8 | −59 |
| 2000s | 晚熟 | 28 | 35 | 25 | 18 | −53 |

　　总之,东北地区热量资源的增加为春玉米不同熟性品种的种植区域北移提供了有利条件,在界限敏感区域内中、晚熟品种替代早熟品种,使得玉米生育期延长,干物质积累增加,春玉米产量提高。同时,由于生育期相对较长的中、晚熟品种的北移东延又将使低温冷害的发生频率明显增加,同时,降水资源的减少和玉米生长季延长导致的耗水增加,也加大了玉米干旱发生风险。因此,东北实际生产中,不能盲目扩种中晚熟品种,需依据气候预测,选择合适的熟性品种,即在不同气候区

和不同冷暖时期内,早、中、晚品种按一定比例种植,偏暖年型晚熟比例加大,偏冷年型中、早熟比例加大,从而提高防御低温冷害的能力。

## 5.4　气候变化对雨养冬小麦—夏玉米稳产种植北界影响

在热量能够满足作物多熟种植地区,多熟种植能否成功,水分往往是关键因素。前人研究表明,冬小麦—夏玉米一年两熟种植模式的需(耗)水量为 800 mm,因此雨养冬小麦—夏玉米种植模式稳产的降水量指标界限为 800 mm(刘巽浩 等,1987)。

比较各气象台站 1950s—1980 年和 1981—2007 年 2 个时间段的 800 mm 降水量等值线的空间位移,由此分析降水量的变化对我国雨养冬小麦—夏玉米种植模式稳产的种植北界的可能影响。各时段的降水量使用该时段年降水量的多年平均值来表示。

从图 5.18 看出,与 1950s—1980 年相比,1981—2007 年的降水量等值线在山东、河南和四川省空间位移比较明显。从东北到西南可以分成三段:①在青岛—莒县—砀山—亳州一线降水量等值线向东南方向移动,说明该线以西附近地区年降水量有减少的趋势;②在亳州—西华—南阳一线降水量等值线向西北方向移动,表明该线附近地区年降水量有略微增加的趋势;③在河南省西部、陕西省西部和四川省东部(佛坪—汉中—平武—小金一线)降水量等值线向东南方向移动,即该线附近地区年降水量有减少的趋势。

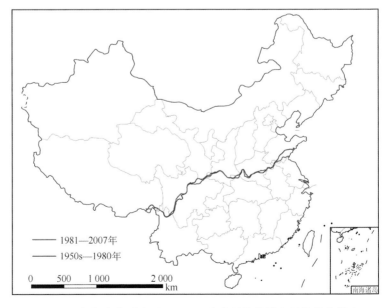

图 5.18　气候变化对我国 800 mm 降水量等值线空间位移的影响

　　尽管中纬度个别地区降水量有所增加,但由于温度升高引起蒸散量加大,很大程度上抵消了降水的增加,甚至超过降水量的增加值,因此应加强冬小麦—夏玉米复种模式作物水分利用效率研究,为未来气候下筛选适宜的品种提供依据。

## 5.5　气候变化对热带作物种植界限影响

　　我国热带地区土地面积约 4.8 万 km²,农业自然资源十分丰富,适宜种植多种热带作物。在气候变暖背景下,热带地区农业气候资源变化对热带作物种植北界将带来怎样的影响,是我国农业科研领域和生产管理部门普遍关注的问题。寒害是热带作物能否安全越冬的关键因素,热带作物种植界限北移后寒害风险会有多大程度的增加也是生产中需要面对的实际问题。

　　利用我国热带作物主要种植区域海南、广东、广西和云南省南部地区的 81 个地面气象台站 1950s—2007 年的气候资料,基于全球气候变化特征、寒害演变特征等资料,将 1950s—2007 年划分为 1950s—1980 年(时段Ⅰ)和 1981—2007 年(时段Ⅱ)两个时段,结合热带作物种植北界指标,明确时段Ⅱ相对于时段Ⅰ的热带作物种植北界的时空演变特征,并利用综合寒害指数和寒害等级标准,对热带作物种植北界地理位移敏感区域寒害风险进行评估,为我国热带作物区域布局和结构调整提供科学依据(李勇 等,2010)。

### 5.5.1　热带作物种植北界的地理位移

　　前人分析热带作物种植北界时,大多仅考虑气候平均状况,在此我们以 80% 气候保证率为基础分析作物安全种植北界的变化。

　　图 5.19 为时段Ⅰ和时段Ⅱ在考虑 80% 气候保证率条件下广西、广东和海南 3 省(区)热带作物安全种植北界。云南省南部 2 个时段内热带作物安全种植北界的演变情况见图 5.20。由图 5.19 可见,2 个时段的北界位置明显不同,时段Ⅰ的北界位置在广东省徐闻县南部一线,而海南省琼中地区因积温<8 000 ℃·d,不属于热带地区,像是一块"飞地"嵌入海南省热带地区内。时段Ⅱ的安全种植北界为不连续的两段连线,一段在广东的雷州—遂溪—湛江一线,另一段在广东的吴川至电白一线,较时段Ⅰ的安全种植北界大约北移了 0.86 个纬度,广西、广东、海南 3 省(区)在时段Ⅱ的潜在种植面积较时段Ⅰ增加了 0.81 万 km²。时段Ⅰ的热带作物种植区主要包括海南省和广东省徐闻县以南地区,而时段Ⅱ的热带作物种植区域较为分散,东西跨度大,其中电白是插入南亚热带的一块"飞地"。

　　从图 5.20 可以看出,在考虑 80% 气候保证率条件下,云南省南部在时段Ⅰ和时段Ⅱ均没有成片的热带作物种植区,仅有景洪、元江和勐腊几块热带"飞地"嵌入到亚热带中,但时段Ⅱ的热带作物可种植区域较时段Ⅰ面积有所扩大。

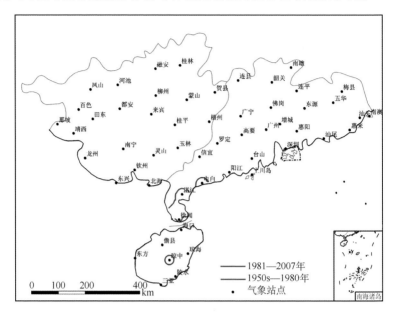

图 5.19　热带作物种植北界的地理位移

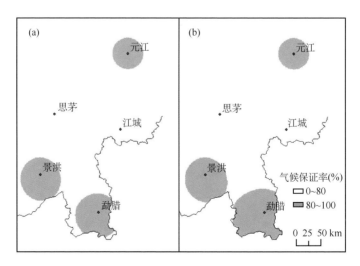

图 5.20　云南省南部热带作物种植区在时段Ⅰ(a)和时段Ⅱ(b)的变化

## 5.5.2　热带作物种植北界的年代际变化特征

　　图 5.21 为广东、广西和海南 3 省(区)不同年代热带作物种植北界的地理位移图。从图 5.21 可以看出,不同年代间的热带作物种植北界差异较大。北界位于最

北的是时段 2001—2007 年,西起广西的宁明—钦州一线,中经广西的岑溪和广东的高要、惠阳,东接广东的普宁和潮州一线,而广西的龙州、广东的广州则呈"飞地"插入到该时段的亚热带中。1950s 北界西段位于诸年代中的最南端,北界线从广东雷州半岛北部边缘经过湛江和吴川北部,延至电白中部入海;1970s 北界线位于遂溪偏北、吴川中部、茂名偏南和电白偏西南一线;1960s 和 1980s 的北界线基本上重合,大致位于广东遂溪、化州、茂名和电白一线,较 1950s 和 1970s 的北界线略微偏北;1990s 的北界线西起广西的北海,中经广东的廉江、高州和阳江一线,广西的防城港及广东的台山、深圳和海丰几块热带"飞地"嵌入在该年代的亚热带中;时段 2001—2007 年的北界线分别较 1950s,1960s,1970s,1980s 和 1990s 偏北 1.03,0.91,1.11,0.91 和 0.56 个纬度。热带作物可种植面积最大的为时段 2001—2007 年,约 33.82 万 km²;面积最小的是 1950s 和 1970s,均为 4.21 万 km²;1960s 和 1980s 的面积基本相同,分别为 4.45 万和 4.44 万 km²;1990s 的面积仅次于时段 2001—2007 年,为 5.57 万 km²。

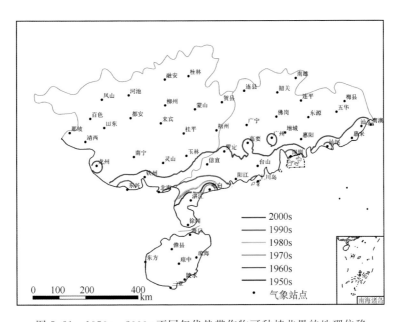

图 5.21　1950s—2000s 不同年代热带作物可种植北界的地理位移

表 5.5 为云南省南部热带作物可种植区不同年代际≥10 ℃积温变化状况。可以看出,在 1990s 和时段 2001—2007 年,该种植区域包括瑞丽、景洪、元江和勐腊在内,但在 1950s,1960s,1970s 和 1980s,瑞丽的≥10 ℃积温没有达到热带作物种植的热量指标。

表 5.5　云南省南部热带作物可种植区不同年代际的积温变化

| 台站 | ≥10 ℃积温(℃·d) | | | | | |
|---|---|---|---|---|---|---|
| | 1950s | 1960s | 1970s | 1980s | 1990s | 2000s |
| 瑞丽 | 7 188 | 7 292 | 7 276 | 7 345 | 7 573 | 7 752 |
| 景洪 | 7 838 | 7 963 | 7 967 | 8 216 | 8 284 | 8 271 |
| 元江 | 8 791 | 8 716 | 8 601 | 8 728 | 8 684 | 8 741 |
| 勐腊 | 7 522 | 7 658 | 7 662 | 7 860 | 7 966 | 8 033 |

由以上分析可知,在气候变暖背景下,我国热带作物种植北界的北移现象明显且速率呈加快趋势,1990s 较 1980s 平均每年北移 0.03 个纬度,时段 2001—2007 年较 1990s 平均每年北移达 0.06 个纬度。

### 5.5.3　热带作物种植界限变化敏感带寒害发生风险评价

以上对热带作物可种植北界变化的分析是基于全年热量条件得出的,由于越冬条件是限制热带作物种植的主要因素,因此,必须从农业生产的实际出发,充分考虑寒害风险。

80%气候保证率下的敏感区域为广东的湛江、徐闻、电白,海南的琼中;非敏感区域为海南的三亚、陵水、东方、琼海、海口和云南的元江、景洪、勐腊。表 5.6 为 80%气候保证率下敏感区域和非敏感区域寒害指数和寒害频率。从表 5.6 可以看出,该敏感区域时段Ⅱ综合寒害指数为−2.8,比非敏感区域高 1.9。从寒害发生频率来看,非敏感区域的寒害发生频率比敏感区域低 11.1 个百分点,敏感区域寒害出现的频率相当于 7 年一遇,而非敏感区域寒害出现的频率相当于 27 年一遇。对于重度以上寒害发生频率,敏感区域的重度以上寒害发生频率为 7.4%,约 14 年一遇,非敏感区域为 1.6%,大致为 61 年一遇。敏感区域 14 年一遇的重度以上寒害发生频率对橡胶等热带作物的可能危害不容忽视,如 1955 年 1 月的特大寒潮,使雷州半岛和海南岛北部出现过 0 ℃左右的低温,云南省河口也出现了数十年未见的 2.1 ℃极端低温,使热带作物遭受了不同程度的危害(钟功甫 等,1990)。

表 5.6　敏感区域和非敏感区域寒害指数和寒害频率的对比

| 区域 | 时段Ⅱ | | |
|---|---|---|---|
| | 综合寒害指数 | 寒害发生频率(%) | 重度以上寒害发生频率(%) |
| 敏感区域 | −2.8 | 14.8 | 7.4 |
| 非敏感区域 | −4.7 | 3.7 | 1.6 |

从以上分析可以看出,在 80%气候保证率下,时段Ⅱ敏感区域的寒害明显重于非敏感区域,其发生寒害和发生重度以上寒害的风险分别比非敏感区域高 3.0

和 3.5 倍。

总之,在气候变暖背景下,我国热带作物种植北界发生了明显的变化。当考虑 80% 气候保证率时,1981—2007 年间的种植北界位置,与 1950s—1980 年相比,大约北移了 0.86 个纬度,适于种植热带作物区域的面积增加了 0.81 万 km²。从年代际比较结果来看,热带作物种植北界北移现象明显且速率呈加快趋势,1990s 较 1980s 平均每年北移 0.03 个纬度,2001—2007 年较 1990s 平均每年北移达 0.06 个纬度。云南的瑞丽在 1990s 和 2001—2007 年已演变为新的热带作物种植区域。在 80% 气候保证率下,敏感区域的寒害明显重于非敏感区域,其发生寒害和发生重度以上寒害的风险分别比非敏感区域高 3.0 和 3.5 倍。

# 5.6　气候变化对柑橘种植北界影响

柑橘是世界上最重要的商品水果。作者利用海南、广东、广西、福建、云南、四川、重庆、贵州、湖南、湖北、江西、浙江、安徽、江苏、上海、甘肃、陕西、河南等 18 个省(市、区)的 320 个地面气象台站 1950s—2007 年的气候资料,基于全球气候变化特征和现有资料将 1950s—2007 年分解为 1950s—1980 年(时段Ⅰ)和 1981—2007 年(时段Ⅱ)两个时段,结合柑橘种植气候分区指标,明确时段Ⅱ柑橘种植界限的时空变化特征,并根据柑橘冻害风险评估指标,对种植界限变化后的冻害风险进行评估(李勇 等,2011)。

## 5.6.1　气候变化背景下柑橘种植区界限的变化

(1)柑橘最适宜种植区界限的变化

由图 5.22 可见:

时段Ⅰ柑橘最适宜种植区跨 21.55～31.91 个纬度,覆盖云南、广西、广东、福建、四川、重庆、湖南和江西 8 个省(市、区)。该区域的界线主要有两条:第一条是北界线,该线跨 23.79 个经度,西起云南的盈江,经云南的潞西、景谷、绿春、丘北,广西的隆林,贵州的贞丰、榕江,广西的全州,湖南的临武,江西的赣县,广东的龙川,福建的漳平、南安、连江一线,东至福建的霞浦、温岭,该线在云南的潞西、绿春和福建的连江均有较小的中断。第二条是南界线(即积温≤7 500 ℃·d),该线位于华南沿海和云南最南端,不连续。云南省境内的一段位于勐海、景洪、勐腊一线;广西和广东省境内有四段,分别为:广西的大新、上思、防城港一线;广西的钦州、博白,广东的岑溪、阳春、台山一线;广东的深圳、惠阳一线;广东的惠东、陆河、潮阳一线。而四川的宣汉、苍溪、威远、古蔺和重庆的九龙一带呈"飞地"嵌入到柑橘适宜种植区。

　　时段Ⅱ柑橘最适宜种植区主要界线相对于时段Ⅰ更加连续,其所分布的省份与时段Ⅰ一致,但在各省的分布面积和位置均有所变化。该种植区积温≤7 500 ℃·d的南界线与其北界线已连为一条界线,该线由西向东从广西大新起,经过广西的邕宁和博白,广东的岑溪、增城、惠阳、紫金和大埔,福建的漳平和建瓯,再从福建的建瓯转变为由东向西,经过福建的清流、长汀,江西的峡江,湖南的祁东,广西的全州,贵州的榕江、贞丰,云南的丘北、易门、姚安一线,西至云南的泸水、镇康;福建省沿海漳浦、闽清、泰顺、温岭一带的柑橘最适宜种植区较时段Ⅰ略有扩大。与时段Ⅰ相同,有一块"飞地"嵌入到柑橘适宜种植区,包括四川的古蔺、眉山和西充,重庆的云阳,湖北的利川,贵州的道真一带,该"飞地"面积较时段Ⅰ有所扩大,尤其在重庆市的面积增加得更明显。另外,湖北的兴山和重庆的巫山一带也呈"飞地"嵌入到柑橘适宜种植区。

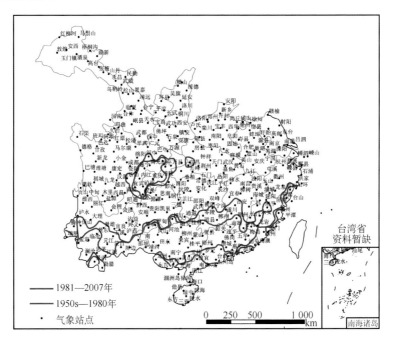

图 5.22　柑橘最适宜种植区的地理位移

　　对比两个时段柑橘最适宜种植区界限可以看出,界限变化的主要特征是南界线和北界线均向北推移;与时段Ⅰ相比,时段Ⅱ北界线和南界线分别平均向北推移了0.66和0.56个纬度。南界线位移最明显的区域为广西的岑溪到广东的增城一线,该段平均向北推移了1.34个纬度,而广西的大新到博白一线的界线变化相对缓和一些;北界线在时段Ⅱ位移最明显的区域位于湖南的东安到江西的长汀一线和云南的镇康到弥勒一线,分别平均向北推移了1.23和1.37个纬度。而广西及贵州省的北界线变化不明显。时段Ⅰ柑橘最适宜种植区的面积为 55.0 万 km²,时段Ⅱ为 66.6 万 km²,时段Ⅱ较时段Ⅰ增加了 11.6 万 km²。柑橘最适宜种植区面积在各省的增减幅度不一致,主要表现为:在广西、广东和云南 3 省(区)的南部地区,由于南界线的向北位移,总体面积呈减少趋势;在湖南、江西两省南部地区,云南、重庆和福建 3 省(市)中部地区,由于北界线的向北位移,面积呈现明显的增加趋势;贵州、浙江、湖北、四川 4 省局部地区的面积呈增加趋势。

(2)柑橘适宜种植区界限的变化

由图 5.23 可见:

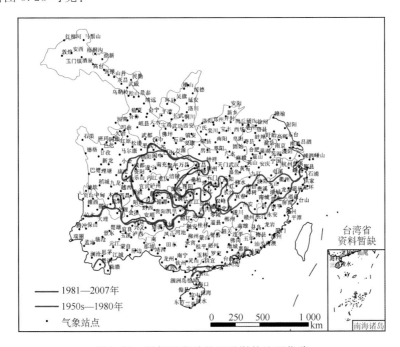

图 5.23　柑橘适宜种植区界限的地理位移

时段Ⅰ的柑橘适宜种植区北界线西起云南的泸水,中经四川的米易,贵州的镇宁、天柱,湖南的新宁、衡阳,江西的峡江,福建的松溪一线,东至浙江的青田、宁海。时段Ⅰ柑橘适宜种植区的南界线为广东的遂溪到吴川一线,该线以南为柑橘次适宜种植区。

时段Ⅱ柑橘适宜种植区的北界线在云南、贵州两省基本与时段Ⅰ一致,但该线在江西的永新到浙江的青田一线和湖南的遂宁到衡阳一线的北移明显,分别平均向北移动了 2.13 和 1.76 个纬度;时段Ⅱ的北界线最北延至 33.05°N 附近甘肃的文县、武都、康县的最南缘地区。时段Ⅱ的南界线主要位于云南、广东和广西的南缘地带,该线以南为柑橘次适宜种植区。

与时段Ⅰ相比,时段Ⅱ的北界线和南界线分别平均向北位移了0.80和0.42个纬度;两个时段柑橘适宜种植区的面积分别为55.5万和63.9万 km²,时段Ⅱ较时段Ⅰ增加了8.4万 km²。

(3)柑橘次适宜种植区界限的变化

由图5.24可见:

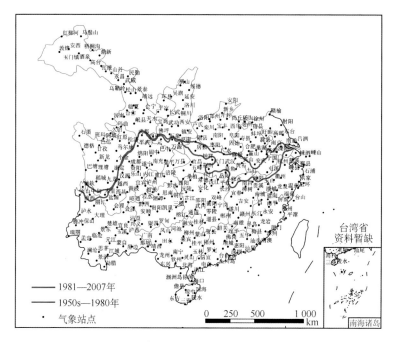

图5.24　柑橘次适宜种植区界限的地理位移

时段Ⅰ柑橘次适宜种植区的北界线西起云南的贡山,经四川的盐源、宝兴,甘肃的礼县,陕西的西乡,湖北的保康、松滋、咸宁,江西的新建,浙江的淳安一线,东至江苏的吴县(现在的苏州市吴中区和相城区)。该线在四川、陕西、湖北、江西、浙江5省的跨度最大,而在云南、甘肃、江苏3省所覆盖面积较小。

时段Ⅱ柑橘次适宜种植区在湖北省保康以西的北界线与时段Ⅰ基本一致,但在湖北的保康至江苏的吴县(现在的苏州市吴中区和相城区)一线,时段Ⅱ的北界线较时段Ⅰ平均北移了1.98个纬度。

与时段Ⅰ相比,时段Ⅱ柑橘次适宜种植区的北界线平均向北位移了0.91个纬度;时段Ⅰ和时段Ⅱ柑橘次适宜种植区的面积分别为64.2万和62.6万 km²,时段Ⅱ较时段Ⅰ减少了1.6万 km²,面积减少的原因是,在气候变暖背景下,柑橘次适宜种植区北部地区在向北扩展时,其南部的部分地区也由次适宜种植区演变为适宜种植区,且其北部增加的面积小于南部减少的面积,导致其面积总体略微减少。

（4）柑橘可能种植区界限的变化

由图 5.25 可见：

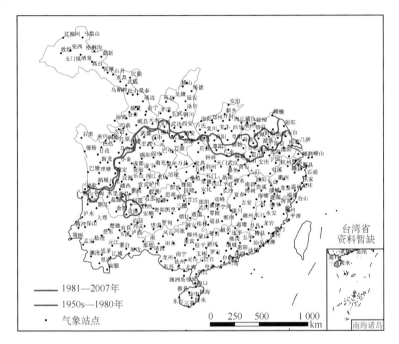

图 5.25　柑橘可能种植区界限的地理位移

时段 I 柑橘可能种植区的北界线由西向东经云南的德钦,四川的九龙、茂县,甘肃的徽县、陕西的宁陕,湖北的郧西,河南的西峡,湖北的枣阳,河南的光山,安徽的岳西、全椒,止于江苏的大丰;该线最北端位于甘肃的岷县南缘地区,最南端位于云南的德钦附近。云南的曲靖、四川的昭觉和贵州的赫章一带呈"飞地"嵌入时段 I 的柑橘次适宜种植区。

时段 II 柑橘可能种植区的北界线西起云南的德钦,中经四川的九龙、茂县,甘肃的岷县,陕西的陇县、蓝田,湖北的郧西,河南的西峡、方城,安徽的正阳、寿县一线,东至江苏的睢宁、响水;在甘肃省徽县以西的北界线整体较时段 I 偏南,其偏南的一段主要位于四川省境内,而且前面所分析的其他种植区北界线在四川省境内的向北位移大多也不是很明显,其可能原因是西南地区北部包括四川盆地东部和云贵高原北部年平均气温呈下降趋势,以及冬季、春季和秋季的气温表现出略微下降的趋势,使这个区域温度降低,而全国大部地区的温度却为增加趋势。

与时段 I 相比,时段 II 柑橘可能种植区的北界线平均向北推移了 0.63 个纬度;时段 I 和时段 II 两个时段柑橘可能种植区的面积分别为 33.4 万和 27.5 万 km$^2$,时段 II 较时段 I 减少了 5.9 万 km$^2$。

柑橘可能种植区北界线以北为柑橘不能种植区,此线即为我国柑橘种植的北界线;研究区域时段Ⅰ柑橘不能种植区面积为 102.9 万 km²,时段Ⅱ为 90.4 万 km²,时段Ⅱ较时段Ⅰ减少了 12.5 万 km²。

总体来看,与时段Ⅰ相比,柑橘最适宜区、适宜区、次适宜区和可能种植区在时段Ⅱ的北界线均有不同程度的北移,4 个区平均向北推移了 0.75 个纬度,北移最大的是次适宜种植区,其次分别为适宜种植区、最适宜种植区、可能种植区。4 个区北界线东段的北移程度均明显大于西段,其可能原因是:我国北部无高大山脉阻挡,强大的冷气团可以入侵到东南广大地区所致(张养才,1982)。研究区域面积增加得最多的是最适宜种植区,其次为适宜种植区;而面积减少得最多的是不能种植区,其次分别为可能种植区和次适宜种植区。

## 5.6.2 柑橘种植界限变化敏感带冻害发生风险评价

(1)柑橘最适宜种植区的冻害风险

从表 5.7 可以看出,柑橘最适宜种植区非敏感区域轻级、中级冻害出现的频率分别为 3.09% 和 0.12%,而重级和极重级冻害在该区没有出现过;其敏感区域轻级、中级冻害出现频率分别为 14.01%(7 年一遇)和 2.38%(42 年一遇),各自较非敏感区域高 10.92% 和 2.26%。最适宜种植区敏感区域也没有重级冻害发生,但其极重级冻害的出现频率为 0.26%,不过该频率极低,相当于 378 年一遇。由此可见,气候变化背景下,柑橘最适宜种植区北缘地区的北扩主要将导致轻级冻害和中级冻害频率的增加,尤其是敏感区域的轻级冻害频率是非敏感区域的 3.53 倍。

表 5.7 时段Ⅱ敏感区域和非敏感区域的柑橘冻害发生频率

| 区域 | 柑橘种植区 | 冻害频率(%) | | | |
| --- | --- | --- | --- | --- | --- |
| | | 轻级 | 中级 | 重级 | 极重级 |
| 非敏感区域 | 最适宜区 | 3.09 | 0.12 | 0.00 | 0.00 |
| | 适宜区 | 23.20 | 4.06 | 0.81 | 0.27 |
| | 次适宜区 | 46.80 | 20.09 | 3.17 | 1.00 |
| | 可能种植区 | 24.06 | 41.19 | 22.21 | 7.09 |
| | 平均 | 24.29 | 16.37 | 6.55 | 2.09 |
| 敏感区域 | 最适宜区 | 14.01 | 2.38 | 0.00 | 0.26 |
| | 适宜区 | 42.51 | 14.36 | 2.37 | 1.04 |
| | 次适宜区 | 29.25 | 40.55 | 16.84 | 7.22 |
| | 可能种植区 | 2.37 | 25.76 | 32.28 | 23.39 |
| | 平均 | 22.03 | 20.76 | 12.87 | 7.98 |

（2）柑橘适宜种植区的冻害风险

柑橘适宜种植敏感区域轻级、中级、重级和极重级冻害出现的频率分别为 42.51%、14.36%、2.37% 和 1.04%,分别较非敏感区域高 19.31%、10.30%、1.56% 和 0.77%。虽然适宜种植区敏感区域各级冻害的频率均较非敏感区域高,但重级和极重级冻害频率仍较低,仅相当于 42 年一遇和 97 年一遇;由于敏感区域的轻级和中级冻害分别为 2 年一遇和 7 年一遇,较非敏感区域的 4 年一遇和 25 年一遇均有明显增加,所以轻级冻害和中级冻害是柑橘适宜种植区北缘地区北扩后需要重点关注的。

（3）柑橘次适宜种植区的冻害风险

柑橘次适宜种植区敏感区域的各级冻害发生频率,没有像最适宜区和适宜区一样,均高于非敏感区域。与非敏感区域相比,柑橘次适宜种植区敏感区域的轻级冻害频率低于非敏感区域 17.55%,而中级、重级和极重级冻害频率分别较非敏感区域高 20.46%、13.67% 和 6.22%。值得注意的是,该区敏感区域的重级和极重级冻害频率相当于 6 年一遇和 14 年一遇,其风险分别比非敏感区域高 4.31 和 6.23 倍,其对柑橘生产可能造成的严重影响不容忽视。由此可见,虽然柑橘次适宜种植区敏感区域的轻级冻害较非敏感区域低,但其中级、重级和极重级冻害的发生频率显著高于非敏感区域,可能导致柑橘严重减产,甚至绝收;而非敏感区域主要发生的冻害是轻级和中级,其重级和极重级冻害发生频率分别相当于 32 年一遇和 100 年一遇,该区柑橘种植的安全性较敏感区域要高得多。

（4）柑橘可能种植区的冻害风险

柑橘可能种植区敏感区域的冻害特征是:重级冻害发生频率最高,其次分别为中级、极重级和轻级;而该区非敏感区域的冻害特征是:中级冻害发生频率最高,其次分别为轻级、重级和极重级。对于极重级冻害发生频率,敏感区域较非敏感区域高 16.3%,相当于其遭受极重级冻害的风险较非敏感区域高 2.30 倍。对于重级冻害发生频率,敏感区域较非敏感区域高 10.07%,即其发生频率由非敏感区域的 5 年一遇提高到 3 年一遇。敏感区域在重级和极重级冻害发生频率较非敏感区域增加的同时,其轻级和中级冻害发生频率却呈大幅度减少趋势,二者分别较非敏感区域减少了 21.69% 和 15.43%。

总体而言,对于柑橘最适宜种植区和适宜种植区来说,其北界北移后,敏感区域轻级和中级冻害的发生频率较非敏感区域显著增加;虽然敏感区域的重级和极重级冻害发生频率较非敏感区域增加的比例也较大,但其频率仍属较低范围,对柑橘生产的危害相对较小。对于柑橘次适宜种植区和可能种植区而言,敏感区域轻级冻害的发生频率均较非敏感区域低,但重级和极重级冻害的发生频率较非敏感区域显著增加,而且频率较高。就柑橘整个种植区平均而言,敏感区域中级、重级和极重级冻害的发生频率分别较非敏感区域高 4.39%,6.32% 和 5.89%,仅轻级冻害发生频率较非敏感区域低 2.26%。由此可见,气候变暖背景下,虽然有些地区积温增加,年极端最低气温呈升高趋势,其可能向更适宜的种植区变化,但由于这些地区较高的冻害频率,尤其是重级和极重级冻害,对柑橘的北扩种植带来了潜在的巨大威胁。各地区在根据气候变暖特征布局种植柑橘时,需要充分考虑柑橘的品种、当地的地形地貌、栽培技术、土壤的理化状况和冻害风险等综合因素,切不可盲目北扩种植(江爱良,1981)。

## 5.7　未来气候变化情景下主要作物种植界限的变化特征

　　IPCC 基于未来的多种可能的发展模式,提供了 4 种不同的排放情景(special report on emissions scenarios,SRES),我们选取高经济发展条件下能源种类平衡发展情景(A1B),基于全球气候模式输出的 2011—2050 年逐日平均气温和降水量资料,以 1950s 建站至 1980 年(时段Ⅰ)为基准时段(baseline),分析未来气候情景下,2011—2040 年(时段Ⅱ)和 2041—2050 年(时段Ⅲ)我国主要作物种植界限的变化特征(杨晓光 等,2011)。

### 5.7.1　未来气候变化对冬小麦种植北界变化影响

　　未来气候情景下,温度升高,尤其是冬季温度升高导致我国冬小麦安全种植北界不同程度北移西扩。由图 5.26 可见,在辽宁省境内,与时段Ⅰ相比,冬小麦种植北界在未来时段Ⅱ将北移至黑山—鞍山—岫岩—丹东一线,在时段Ⅲ将移至黑山—鞍山—岫岩—丹东以北地区,在东部地区北移约 200 km,在西部地区北移约 110 km;在河北省境内,时段Ⅲ的冬小麦种植北界向北移动 100 km;在山西省东部地区,时段Ⅲ的冬小麦种植北界向北移动 160 km,在山西省西部地区,时段Ⅲ的冬

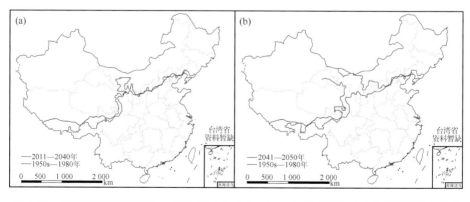

图 5.26　未来气候情景下 2011—2040 年(a)和 2041—2050 年(b)我国冬小麦种植北界空间位移

小麦种植北界向北移动 210 km;在陕西省境内,时段Ⅲ的冬小麦种植北界由吴旗—延安一带向北移动到内蒙古境内,平均向北移动约 330 km;在甘肃和宁夏境内,未来情景时段Ⅱ冬小麦种植北界由甘肃和宁夏的乌鞘岭—松山—景泰—同心一带北移至内蒙古北部地区,未来情景时段Ⅲ向北移动约 500 km;在青海省境内,未来情景时段Ⅱ和时段Ⅲ的冬小麦种植北界分别西扩约 80 和 100 km。通常情况下冬小麦生育期较春小麦长,产量亦较春小麦高,因此在不考虑其他因素影响的前提下,该区域由种植春小麦改为种植冬小麦单位面积产量将提高。

## 5.7.2　未来气候变化对双季稻种植北界的影响

未来气候变暖情景下,热量资源增加,如果仅考虑热量资源的影响,我国双季稻种植北界将北移,双季稻的适宜种植范围亦将发生变化。图 5.27 给出了未来气候情景下双季稻种植北界空间位移,由此可以看出,与时段Ⅰ相比,未来情景下时段Ⅱ和时段Ⅲ的双季稻种植北界在浙江省、安徽省及湖北省境内的北移程度最明显,具体表现为:在东部沿海地区,未来气候情景下时段Ⅱ的双季稻的种植北界在浙江省境内平均向北移动 100 km,而时段Ⅲ的双季稻的种植北界继续向北移动到江苏省境内的南通—常州—南京一线,与时段Ⅰ相比平均向北移动约 270 km;在安徽省境内时段Ⅱ的双季稻的种植北界向北移动 200 km,时段Ⅲ的双季稻的种植北界继续向北移动到安徽省北部地区,与时段Ⅰ相比平均向北移动约 330 km,同时到时段Ⅲ河南省南部的南阳—驻马店—西华以南地区也将满足双季稻的热量需求;时段Ⅱ湖北省的中东部地区可种植双季稻,而时段Ⅲ湖北省几乎全省所有区域均可种植双季稻,与时段Ⅰ相比平均向北移动 270 km;时段Ⅲ的双季稻的种植北界在湖南省境内平均向北移动 100 km,同时在贵州省境内向北移动约 70 km。

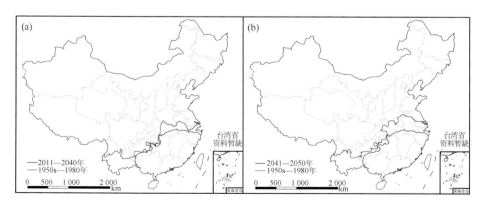

图 5.27　未来气候情景下 2011—2040 年(a)和 2041—2050 年(b)双季稻种植北界空间位移

### 5.7.3　未来气候变化对雨养冬小麦—夏玉米稳产的种植北界的影响

通过比较各气象台站时段Ⅰ、时段Ⅱ和时段Ⅲ的 800 mm 降水量等值线的空间位移,分析降水量的变化对我国雨养冬小麦—夏玉米种植模式稳产的种植北界的可能影响。从图 5.28 看出,时段Ⅰ雨养冬小麦—夏玉米稳产种植界限位于青岛(山东省)—莒县(山东省)—砀山(安徽省)—许昌(河南省)—西峡(河南省)—佛坪(陕西省)—平武(四川省)—小金(四川省)—九龙(四川省)一线。与时段Ⅰ相比,在 A1B 气候情景下,时段Ⅱ和时段Ⅲ的降水量等值线在山东、河南、陕西和四川省空间位移比较明显。从东北到西南可以分成三段:①在山东省(青岛—莒县—砀山一线)和河南省中东部(宝丰—许昌—西华一线)降水量等值线向西北方向移动,说明该线以西附近地区年降水量有增加的趋势;②在陕西省西部和四川省东部(佛坪—汉中—平武—小金一线)降水量等值线向东南方向移动,即该线附近地区年降水量有略微减少的趋势;③在云南省北部,降水量等值线向西北方向移动,即该线附近地区年降水量有增加的趋势。

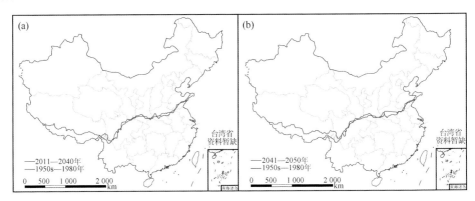

图 5.28　未来气候情景下 2011—2040 年(a)和 2041—2050 年(b)
我国 800 mm 降水量等值线的空间位移

### 5.7.4　未来气候变化对热带作物种植北界的影响

前人在确定热带作物种植北界时,大多仅考虑气候平均值的变化,在此以 80% 气候保证率为基础分析热带作物安全种植北界的变化。图 5.29 为时段Ⅰ、时段Ⅱ和时段Ⅲ在 80% 保证率条件下热带作物安全种植北界的空间位移变化。从图 5.29(a)可以看出,与时段Ⅰ相比,未来气候情景下时段Ⅱ的热带作物安全种植北界在广西和广东境内北移情况比较明显,且在广西西部向北移动约 130 km,在广西东部向北移动约 40 km,在广东境内向北移动约 100 km,在云南省境内变化不明显。从图 5.29(b)可以看出,与时段Ⅰ相比,时段Ⅲ时热带作物种植北界在广西西部向北移动约 250 km，在广西东部向北移动约 200 km，在广东省境内向北移动约 170 km。

　　寒害是热带作物能否安全越冬的关键因素，气候带的北移势必会导致热带作物寒害风险的加剧，本章 5.4 结果显示，在 80% 气候保证率下，热带作物种植北界北移敏感区域的寒害明显重于非敏感区域，其发生寒害和发生重度以上寒害的风险分别比非敏感区域高 3.0 和 3.5 倍。

　　本节仅从未来气候情景下气候资源状况出发，分析了种植制度界限的可能变化。因气候模式存在着不确定性，加之我国的种植制度和种植模式比较复杂，因此定量评估未来气候变化对种植制度的影响难度更大，存在很多不确定性。

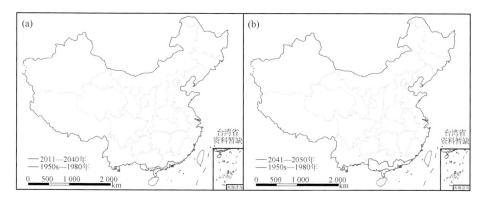

图 5.29　未来气候情景下 2011—2040 年（a）和 2041—2050 年（b）
我国热带作物种植北界空间位移

## 5.8　小结

　　历史气候变化和未来气候情景下，我国冬小麦种植北界北移西扩，不同冬春性品种适宜种植区亦发生相应改变。双季稻种植北界变化敏感地带如长江中下游地区，1981—2010 年双季早稻全生育期的低温发生频率分别较双季晚稻和单季稻高；单季稻全生育期高温发生频率分别较双季早稻和双季晚稻高，中稻的产量分别高于早稻和晚稻产量，但其产量却明显低于双季稻的产量。气候变化背景下东北地区玉米中、晚熟品种种植区域北移，在相同土壤和气候条件下，玉米生育期每延长 1 d，产量增加 0.8%～1.2%，相当于每公顷增产 90 kg，但在实际生产中需要关注生育期长的春玉米品种替代生育期短的品种，低温冷害和干旱发生风险增加。与 1950s—1980 年相比，1981—2007 年间的热带作物种植北界北移了 0.86 个纬度，适于种植热带作物区域的面积增加了 0.81 万 km²，敏感区域的寒害发生风险明显重于非敏感区域。柑橘最适宜种植区和适宜种植区北界北移后，敏感区域轻级和中级冻害的发生频率较非敏感区域显著增加;敏感区域中级、重级和极重级冻害发生频率分别较非敏感区域高 4.39%、6.32%和 5.89%。

# 参 考 文 献

邓振镛,王强,张强,等.2010.中国北方气候暖干化对粮食作物的影响及应对措施.生态学报,**30**(22):6 278-6 288.

江爱良.1981.柑橘的生态气候和我国亚热带山区的柑橘栽培问题.生态学报,**1**(3):197-207.

金善宝.1996.中国小麦学.北京:中国农业出版社:569.

李克南,杨晓光,慕臣英,等.2013.全球气候变暖对中国种植制度可能影响 Ⅷ.气候变化对中国冬小麦冬春性品种种植界限的影响.中国农业科学,**46**(8):1 583-1 594.

李勇,杨晓光,王文峰,等.2010.全球气候变暖对中国种植制度可能影响 Ⅴ.气候变暖对中国热带作物种植北界和寒害风险的影响分析.中国农业科学,**43**(12):2 477-2 484.

李勇,杨晓光,张海林,等.2011.全球气候变暖对中国种植制度可能影响 Ⅶ.气候变暖对中国柑橘种植界限及冻害风险影响.中国农业科学,**44**(14):2 876-2 885.

刘巽浩,韩湘玲.中国的多熟种植.北京:北京农业大学出版社:137.

全国农业区划委员会.1991.中国农业自然资源与农业区划.北京:农业出版社:62.

沈雪芳.1981.新疆冬小麦冻害分区.新疆农业科学,(5):11-14.

杨晓光,刘志娟,陈阜.2010.全球气候变暖对中国种植制度可能影响 Ⅰ.气候变暖对中国种植制度北界和粮食产量可能影响的分析.中国农业科学,**43**(2):329-336.

杨晓光,刘志娟,陈阜.2011.全球气候变暖对中国种植制度可能影响 Ⅵ.未来气候变化对中国种植制度北界的可能影响.中国农业科学,**44**(8):1 562-1 570.

云雅如,方修琦,王丽岩,等.2007.我国作物种植界线对气候变暖的适应性响应.作物杂志,(3):20-23.

张养才.1982.我国亚热带地区冻害气候规律及柑橘冻害区划.农业现代化研究,(4):25-30.

赵俊芳,杨晓光,刘志娟.2009.气候变暖对东北三省春玉米严重低温冷害及种植布局的影响.生态学报,**29**(12):6 544-6 551.

中国农林作物气候区划协作组.1987.中国农林作物气候区划.北京:气象出版社:62-63.

中华人民共和国农业部.2009.新中国农业 60 年统计资料.北京:中国农业出版社.

钟功甫,黄远略,梁国昭.1990.中国热带特征及其区域分异.地理学报,**45**(2):245-252.

Liu Z J,Yang X G,Chen F,*et al*.2013. The effects of past climate change on the northern limits of maize planting in Northeast China. *Climatic Change*,**117**:891-902.

# 第 6 章　种植制度对气候变化适应案例分析

　　气候变化背景下我国干旱发生频率逐渐加快,20 世纪后期北方地区干旱常态化,南方季节性干旱扩大化趋势明显(秦大河 等,2012)。在我国大部地区降水日数显著减少、降水过程有可能强化的背景下,解决问题的有效途径之一,就是调整种植制度,优化种植结构布局,趋利避害,发挥气候资源的最大生产潜力。

　　本章以湖南省为典型区域,比较各种种植制度的产量效益、水分利用效益和综合效益特征,评价优化种植制度,为当地防灾避灾种植制度优化布局提供科学参考。

　　湖南省地处 108°47′~114°15′E,24°39′~30°08′N,东邻江西,南接广东、广西,西连贵州、重庆,北交湖北,是我国东南腹地。境内东、南、西三面环山,东为幕阜、罗霄山脉,西为武陵、雪峰山脉,南有五岭山脉。中部地区丘陵与河谷盆地相间。全省属亚热带季风湿润气候区,气候温和、四季分明、热量充足、雨水集中,季节性干旱为当地主要农业气象灾害之一。湖南省西部山地丘陵区主要以一年两熟种植制度为主,东部平原、丘陵盆地区的主要种植制度为一年两熟和一年三熟。

## 6.1　湖南省气候资源分布特征及主体种植制度选择

### 6.1.1　气候变化背景下湖南省农业气候资源演变趋势

　　第 3 章我们系统分析了我国各区域作物生长季内农业气候资源分布及变化特征。为了说明种植制度的适应性,本节简单说明气候变化背景下湖南省气候要素的变化趋势,特征见图 6.1,从图 6.1 可以看出:

　　(1)全年 ≥0 ℃积温。1961 年以来,湖南省 ≥0 ℃积温气候倾向率变化于 −18~87 ℃·d·(10a)$^{-1}$ 之间,大部分地区 ≥0 ℃积温呈增加趋势。湘东南及湘西个别地区 ≥0 ℃积温减少,减少幅度较小,气候倾向率为 −18 ℃·d·(10a)$^{-1}$;湘中南绝大部分及湘西北小部分地区 ≥0 ℃积温气候倾向率为 0~25 ℃·d·(10a)$^{-1}$;湘北大部、湘西南及湘东南小部分和其他个别地区 ≥0 ℃积温气候倾向率为 25~50 ℃·d·(10a)$^{-1}$;湘北小部分地区及湘南个别地区 ≥0 ℃积温气候倾向率高于 50 ℃·d·(10a)$^{-1}$。

　　(2)年日照时数。湖南全省年日照时数气候倾向率变化范围为 −139~81 h·(10a)$^{-1}$。除个别地区(江华、辰溪)年日照时数有所增加外,其余绝大部分地区年日照时数均呈减少趋势,且减少速度总体表现为西部减少慢,东部减少快。湘西大部分地区平均每10年日照时数减少低于50 h,小部分地区减少50～100 h;除东部宁乡、炎陵和祁东地区年日照时数气候倾向率高于$-50$ h·$(10a)^{-1}$外,其他地区均低于$-50$ h·$(10a)^{-1}$,其中东南少部分地区低于$-100$ h·$(10a)^{-1}$,为日照时数减少最快地区。

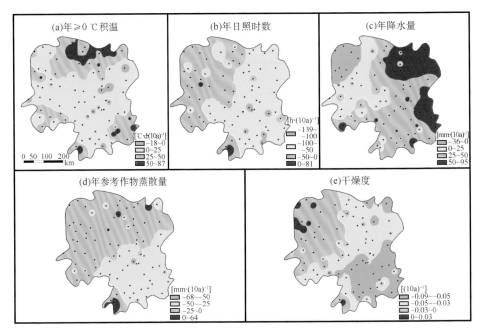

图6.1　1961—2002年湖南省气候要素倾向率

(3)年降水量。湖南全省年降水量气候倾向率范围为$-36$～95 mm·$(10a)^{-1}$。除湘西北少部分地区降水量呈减少趋势(平均每10年减少小于36 mm)外,其他地区年降水量均有所增加,且表现为自东向西降水增加速度递增趋势。张家界—凤凰一线以东的湘西山地、丘陵地区平均每10年降水量增加0～25 mm;湘北中部、湘中和湘南大部降水量气候倾向率增至25～50 mm·$(10a)^{-1}$;湘东北和湘东少部分地区降水量增加最多,气候倾向率超过50 mm·$(10a)^{-1}$,即平均每10年降水量增加50 mm以上。

(4)年参考作物蒸散量($ET_0$)。全省$ET_0$气候倾向率的变化范围为$-68$～64 mm·$(10a)^{-1}$。除岳阳、常德、安化及江华地区的$ET_0$有所增加[0～64 mm·$(10a)^{-1}$]外,其他地区均呈现减少趋势,总体表现为西北减少慢、东南减少快的变化特点。大致以浏阳—新宁为分界,西北大部地区$ET_0$气候倾向率为0～25 mm·$(10a)^{-1}$,即以平均每10年0～25 mm的速度减少,个别地区稍快。分界线东南大部分地区参考作物蒸散量以平均每 10 年 25~50 mm 的速度减少,其中衡阳县超过 50 mm·(10a)$^{-1}$,减少最快。

(5)年平均干燥度。干燥度为参考作物蒸散量与降水量的比值,反映二者变化的综合效应。湖南全省干燥度气候倾向率的变化范围为−0.09~0.03(10a)$^{-1}$。江华、花垣和吉首地区干燥度气候倾向率为 0~0.03(10a)$^{-1}$,即上述地区以干燥度平均每 10 年增加 0~0.03 的速度变得干燥;其他地区均呈现变湿润趋势。整体表现为西北变湿慢、东南变湿快的特点。除南部个别地区外,湘西大部分地区在以干燥度平均每 10 年降低 0~0.03 的速度变湿润;整个湘东和湘西南小部分地区均以干燥度气候倾向率 0.03(10a)$^{-1}$ 以上速度变湿润,其中东南部分地区及北部个别地区变湿速度最快,干燥度气候倾向率达到 0.06(10a)$^{-1}$ 以上。

总之,在气候变化背景下,湖南省的热量资源除个别地区有所减少外,绝大部分地区均不同程度增加,尤其在湘北北部地区增加最快。日照时数大范围减少,降水量总体上增加,参考作物蒸散量减少,干燥度降低。

### 6.1.2 湖南省各地种植制度选择

湖南省地形地势比较复杂,干燥度呈现明显的空间分布特征,依据全年干燥度,结合当地生产实际情况及农业专家建议,在此,将湖南省分为 9 个区域,每个区域选择典型站点进行分析,典型站点分布见图 6.2。各区域种植制度选择时以粮食作物和经济作物为主,没有考虑蔬菜、烟草及麻类等作物,各区域典型点种植制度见表 6.1。

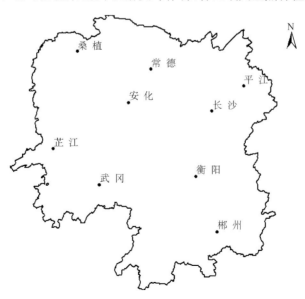

图 6.2 湖南省 9 个区域典型站点分布图

表 6.1　湖南省 9 个区域典型站点对应的种植制度

| 区域 | 典型站点 | 种植制度 |
|---|---|---|
| 湘中偏北湿润中低海拔地形复杂区 | 安化 | 麦一稻、薯一稻、玉一稻、豆一稻 |
| 湘北半湿润低海拔平原区 | 常德 | 油一稻一稻、稻一稻、油一稻、玉一稻、豆一稻、油一棉 |
| 湘东偏北半干旱低海拔平原与盆地丘陵过渡区 | 长沙 | 油一稻一稻、油一稻、稻一稻、玉一稻、豆一稻、油一棉、油一苕 |
| 湘东南较干旱中低海拔丘陵区 | 郴州 | 油一稻一稻、稻一稻、油一稻、麦一稻、薯一稻、玉一稻、豆一稻 |
| 中南部较干旱中低海拔盆地区 | 衡阳 | 油一稻一稻、稻一稻、油一稻、油一棉 |
| 湘东北半湿润中低海拔山地丘陵区 | 平江 | 麦一稻、薯一稻、玉一稻、豆一稻 |
| 湘西北较湿润中高海拔中山低山区 | 桑植 | 麦一稻、薯一稻、油一苕 |
| 湘西南较湿润中高海拔丘陵区 | 武冈 | 稻一稻、油一稻、麦一稻、薯一稻、玉一稻、豆一稻、油一苕 |
| 湘西干旱高海拔山地丘陵区 | 芷江 | 麦一稻、薯一稻、油一棉、油一苕 |

注:表中各区域干旱至湿润等级及海拔低到高的等级划分均为湖南省内各区域相对特征;种植制度中,油一稻一稻和稻一稻模式中的稻依次为早稻和晚稻,麦(薯、油)一稻模式中的稻为一季中稻,玉(豆)一稻模式中的稻为一季晚稻;薯代表马铃薯,苕代表红薯。

## 6.1.3　各种种植制度的作物系数

因联合国粮食与农业组织(FAO)推荐的标准作物系数仅适用于半湿润气候区(空气相对湿度约为 45%,风速约为 2 m·s$^{-1}$),供水充足,管理良好,生长正常,大面积高产的作物条件,不能直接用于对我国南方地区的研究。因此本研究利用第 2 章中作物系数的修正方法,依据当地气候、土壤、作物和灌溉条件对标准作物系数进行修正。结果见表 6.2。

表 6.2　湖南省各典型站点作物系数

| 典型站点 | 各阶段 $K_c$ | 作物种类 | | | | | | | | | |
|---|---|---|---|---|---|---|---|---|---|---|---|
| | | 早稻 | 中稻 | 晚稻 | 油菜 | 冬小麦 | 玉米 | 大豆 | 马铃薯 | 红薯 | 棉花 |
| 安化 | $K_{cini}$ | — | 0.99 | 0.87 | — | 1.06 | 1.10 | 1.07 | 1.07 | — | — |
| | $K_{cmid}$ | — | 1.12 | 1.12 | — | 1.06 | 1.11 | 1.07 | 1.08 | — | — |
| | $K_{cend}$ | — | 0.66 | 0.67 | — | 0.40 | 0.49 | 0.41 | 0.68 | — | — |
| 常德 | $K_{cini}$ | 0.98 | 0.96 | 0.86 | 0.92 | — | 1.10 | 1.06 | — | — | 0.97 |
| | $K_{cmid}$ | 1.11 | 1.12 | 1.11 | 1.01 | — | 1.10 | 1.07 | — | — | 1.08 |
| | $K_{cend}$ | 0.66 | 0.65 | 0.66 | 0.35 | — | 0.48 | 0.40 | — | — | 0.54 |
| 长沙 | $K_{cini}$ | 0.97 | 0.91 | 0.60 | 0.85 | — | 1.07 | 1.04 | — | 0.87 | 0.97 |
| | $K_{cmid}$ | 1.13 | 1.14 | 1.14 | 1.03 | — | 1.12 | 1.09 | — | 1.11 | 1.08 |
| | $K_{cend}$ | 0.68 | 0.68 | 0.69 | 0.35 | — | 0.51 | 0.43 | — | 0.60 | 0.54 |

| 典型站点 | 各阶段 $K_c$ | 作物种类 | | | | | | | | | |
|---|---|---|---|---|---|---|---|---|---|---|---|
| | | 早稻 | 中稻 | 晚稻 | 油菜 | 冬小麦 | 玉米 | 大豆 | 马铃薯 | 红薯 | 棉花 |
| 郴州 | $K_{cini}$ | 0.84 | 0.95 | 0.85 | 0.90 | 0.99 | 1.05 | 1.05 | 1.09 | — | — |
| | $K_{cmid}$ | 1.13 | 1.14 | 1.12 | 1.01 | 1.07 | 1.11 | 1.08 | 1.09 | — | — |
| | $K_{cend}$ | 0.69 | 0.66 | 0.66 | 0.35 | 0.40 | 0.51 | 0.43 | 0.69 | — | — |
| 衡阳 | $K_{cini}$ | 1.03 | 0.95 | 0.79 | 0.91 | — | — | — | — | — | 0.97 |
| | $K_{cmid}$ | 1.14 | 1.15 | 1.13 | 1.01 | — | — | — | — | — | 1.11 |
| | $K_{cend}$ | 0.69 | 0.68 | 0.67 | 0.35 | — | — | — | — | — | 0.56 |
| 平江 | $K_{cini}$ | — | 0.97 | 0.77 | — | 0.99 | 1.10 | 1.09 | 1.09 | — | — |
| | $K_{cmid}$ | — | 1.12 | 1.12 | — | 1.06 | 1.11 | 1.07 | 1.08 | — | — |
| | $K_{cend}$ | — | 0.66 | 0.67 | — | 0.40 | 0.49 | 0.41 | 0.70 | — | — |
| 桑植 | $K_{cini}$ | — | 0.99 | — | 1.05 | 1.07 | — | — | 0.99 | 0.98 | — |
| | $K_{cmid}$ | — | 1.13 | — | 1.02 | 1.08 | — | — | 1.10 | 1.10 | — |
| | $K_{cend}$ | — | 0.67 | — | 0.35 | 0.40 | — | — | 0.69 | 0.59 | — |
| 武冈 | $K_{cini}$ | 1.04 | 0.98 | 0.84 | 0.95 | 1.00 | 1.10 | 1.08 | 1.09 | 0.96 | — |
| | $K_{cmid}$ | 1.12 | 1.14 | 1.13 | 1.01 | 1.07 | 1.11 | 1.08 | 1.10 | 1.10 | — |
| | $K_{cend}$ | 0.68 | 0.67 | 0.66 | 0.35 | 0.40 | 0.48 | 0.42 | 0.69 | 0.59 | — |
| 芷江 | $K_{cini}$ | — | 0.99 | — | 0.97 | 1.04 | — | — | 1.11 | 0.98 | 1.01 |
| | $K_{cmid}$ | — | 1.14 | — | 1.02 | 1.08 | — | — | 1.10 | 1.10 | 1.11 |
| | $K_{cend}$ | — | 0.68 | — | 0.35 | 0.40 | — | — | 0.69 | 0.60 | 0.57 |

注：$K_{cini}$、$K_{cmid}$、$K_{cend}$ 分别表示初始阶段、中间阶段和结束阶段的 $K_c$。

## 6.2　湖南省不同种植制度自然降水与作物需水耦合度及保证指数分析

### 6.2.1　湖南省各种植制度自然降水与作物需水耦合度分析

降水与作物需水耦合度（以下简称水分耦合度），即假定无灌溉条件下，自然降水对作物需水的满足程度。在本书中，不考虑自然降水的地表径流与地下渗漏等损失，即假设自然降水全部储存于降水发生地的土壤中供生育阶段作物利用。水分耦合度计算公式如下：

$$\Lambda_i = \begin{cases} \dfrac{P_i}{ET_{ci}} & (P_i < ET_{ci}) \\ 1 & (P_i \geqslant ET_{ci}) \end{cases} \qquad (6.1)$$

式中：$\Lambda_i$ 为第 $i$ 阶段的自然降水与作物需水耦合度；$P_i$ 为第 $i$ 阶段内的降水量

(mm);$ET_a$为第 $i$ 阶段内的作物需水量(mm)。

对湖南各种植制度不同作物生育期水分耦合度进行的分析中,仅在涵盖大部分地形地势和全部种植制度的基础上,分别选 2~3 个站点进行详细分析。在湖南省,着重分析位于湘北平原区的常德和位于湘南丘陵区的武冈的各种植制度水分耦合特征。

为便于表达与比较,各种植制度各作物的生育阶段用 1~7 数字表示,见表 6.3。

表 6.3　作物生育阶段

| 作物 | 生育阶段及对应数字 |
| --- | --- |
| 水稻 | 播种 $\xrightarrow{1}$ 移栽 $\xrightarrow{2}$ 返青 $\xrightarrow{3}$ 拔节 $\xrightarrow{4}$ 孕穗 $\xrightarrow{5}$ 开花 $\xrightarrow{6}$ 乳熟 $\xrightarrow{7}$ 成熟 |
| 油菜 | 播种 $\xrightarrow{1}$ 五叶 $\xrightarrow{2}$ 成活 $\xrightarrow{3}$ 现蕾 $\xrightarrow{4}$ 抽薹 $\xrightarrow{5}$ 开花 $\xrightarrow{6}$ 绿熟 $\xrightarrow{7}$ 成熟 |
| 冬小麦 | 播种 $\xrightarrow{1}$ 三叶 $\xrightarrow{2}$ 分蘖 $\xrightarrow{3}$ 拔节 $\xrightarrow{4}$ 孕穗 $\xrightarrow{5}$ 开花 $\xrightarrow{6}$ 乳熟 $\xrightarrow{7}$ 成熟 |
| 马铃薯(薯) | 播种 $\xrightarrow{1}$ 出苗 $\xrightarrow{2}$ 分枝 $\xrightarrow{3}$ 现蕾 $\xrightarrow{4}$ 开花 $\xrightarrow{5}$ 盛花 $\xrightarrow{6}$ 结薯 $\xrightarrow{7}$ 收获 |
| 玉米 | 播种 $\xrightarrow{1}$ 三叶 $\xrightarrow{2}$ 七叶 $\xrightarrow{3}$ 拔节 $\xrightarrow{4}$ 抽雄 $\xrightarrow{5}$ 吐丝 $\xrightarrow{6}$ 乳熟 $\xrightarrow{7}$ 成熟 |
| 大豆 | 播种 $\xrightarrow{1}$ 出苗 $\xrightarrow{2}$ 分枝 $\xrightarrow{3}$ 现蕾 $\xrightarrow{4}$ 开花 $\xrightarrow{5}$ 结荚 $\xrightarrow{6}$ 鼓粒 $\xrightarrow{7}$ 成熟 |
| 红薯(苕) | 播种 $\xrightarrow{1}$ 出苗 $\xrightarrow{2}$ 移栽 $\xrightarrow{3}$ 成活 $\xrightarrow{4}$ 分枝 $\xrightarrow{5}$ 封垄 $\xrightarrow{6}$ 薯块膨大 $\xrightarrow{7}$ 收获 |
| 棉花 | 播种 $\xrightarrow{1}$ 出苗 $\xrightarrow{2}$ 三叶 $\xrightarrow{3}$ 五叶 $\xrightarrow{4}$ 现蕾 $\xrightarrow{5}$ 开花 $\xrightarrow{6}$ 吐絮 $\xrightarrow{7}$ 拔秆 |

注:数字表示各作物生育阶段,如水稻,数字 1 代表播种—移栽阶段。

每个生育阶段耦合度水分最大值为 1,若将各生育阶段的水分耦合度累加没有实际意义,且两熟和三熟种植制度比较起来相对困难,故本书中引入相对耦合度进行分析。所谓相对耦合度,就是将各种植制度全生长季的水分耦合度累加并进行归一化处理后各生育阶段耦合度所占的比重,即是一个相对值,具体算法是一年两熟和一年三熟种植制度作物各生育阶段水分耦合度分别除以 14 和 21。

分析常德地区各种植制度的相对耦合度见图 6.3。由图 6.3 可知:油—棉种植制度相对耦合度最高,为 0.87;油—稻种植制度为 0.80;豆—稻、油—稻—稻和玉—稻种植制度分别为 0.78,0.76 和 0.75;稻—稻种植制度最低,为 0.70。不同种植制度中,油菜、玉米、大豆和棉花 4 种作物各生育阶段内相对耦合度较高且比较稳定,为 0.8~1.0;早稻除播种—出苗阶段相对耦合度近 1.0 外,其余各生育阶段普遍不高,生殖生长中后期相对耦合度不到 0.7,而移栽—返青阶段仅为 0.6;中稻和晚稻播种—移栽等生育阶段相对耦合度接近 1.0,其余大部分阶段均低于0.7,尤其是在孕穗—乳熟阶段不足 0.6,对作物产量影响非常严重。

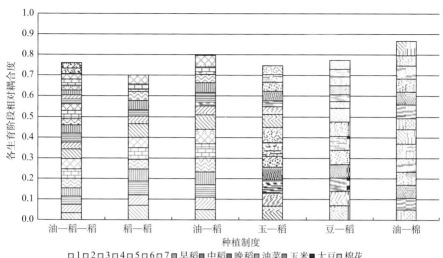

图 6.3　常德地区各种植制度相对耦合度

　　武冈地区各种植制度的相对耦合度见图 6.4。从图 6.4 可以看出：各种植制度相对耦合度变化范围为 0.71～0.86。其中，油—苕种植制度最高，为 0.86；油—稻、麦—稻和薯—稻种植制度分别为 0.81,0.81 和 0.82；玉—稻和豆—稻种植制度分别为 0.78 和 0.77；稻—稻种植制度最低，为 0.71。比较各种植制度中不同作物相对耦合度，油菜、冬小麦、马铃薯、玉米、大豆和红薯各生育阶段的水分耦合状况较好，除冬小麦和油菜越冬前相对耦合度为 0.6～0.7 左右外，其余各生育阶段均在 0.8 以上，尤其在作物生殖生长阶段在 0.9 以上。中稻和早稻大部分生育阶段的相对耦合度亦较高，但中稻乳熟—成熟阶段、早稻拔节—乳熟阶段相对耦合度较低，为 0.5～0.6；晚稻生育期内相对耦合度最低，除播种—移栽、乳熟—成熟阶段相对耦合度高于 0.7 外，其他生育阶段的耦合度为 0.4～0.6 左右。表明早稻、中稻和晚稻生长发育过程中降水不足，需通过灌溉确保水稻生长发育水分需求。

　　采用与常德和武冈相同的计算方法，分析了湖南省各典型站点不同种植制度的相对耦合度，结果表明：湖南省各种植制度多年平均相对耦合度除衡阳为 0.73 外，其余各地区均在 0.8 以上。从各地总体分布看：晚稻移栽—拔节、孕穗—乳熟期，中稻孕穗—乳熟期相对耦合度为全年的最低值，这一现象的发生主要是由于该省频发的伏、秋旱造成的，最低值除安化和衡阳分别为 0.29 和 0.25 外，其他地区均在 0.4 以上；油菜、冬小麦、马铃薯及玉米生殖生长后期和早稻及中稻生育前期的相对耦合度最高，这是因为这些时期正在逐渐进入雨季或正值雨季而作物需水量较低，最高值一般在 0.95 以上，甚至可达 1.0。

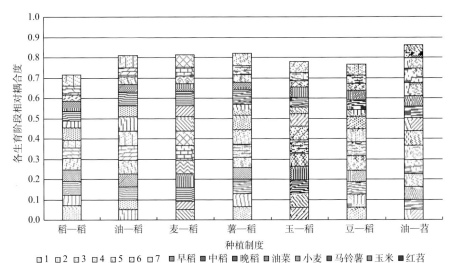

图 6.4　武冈地区各种植制度相对耦合度

## 6.2.2　湖南省各种植制度耦合度保证指数评价

耦合度保证指数为长时间序列内发生的可能性最大的耦合度值,在实际生产中,耦合度保证指数越高,长时间序列降水较高程度地满足作物需水的可能性越大,这一种植制度越值得推荐。

计算耦合度保证指数时,即将耦合度以 0.1 为步长划分为若干等级,并分别求出每一等级的发生概率,再将每一等级的中值与对应的概率乘积累加之和。

$$I_c = F(G_c, P_c) = \sum_{i=1}^{n} G_{c \cdot i} P_{c \cdot i} \tag{6.2}$$

式中:$G_{c \cdot i}$ 为第 $i$ 个耦合度等级;$P_{c \cdot i}$ 为对应耦合度等级的发生概率;$I_c$ 为耦合度保证指数。

按照式(6.2)计算湖南省各地不同种植制度耦合度保证指数(表 6.4),由表 6.4 可以看出:耦合度保证指数变化范围为 0.67~0.94。从长时间序列降水对需水耦合度程度看,在安化地区的 4 种种植制度中,麦—稻和薯—稻种植制度耦合度保证指数均为 0.77,这两种种植制度优于玉—稻(0.72)和豆—稻(0.70)种植制度。在常德地区,最优的种植制度为油—棉(0.84)和油—稻(0.83)两种模式,其次为豆—稻(0.79)、油—稻—稻(0.78)和玉—稻(0.77)种植制度,最差的为稻—稻(0.74)种植制度。长沙地区各种植制度之间耦合度保证指数差异较大,油—苕(0.94)种植制度明显优于其他种植制度,其次为油—稻(0.80)和油—棉(0.80)种植制度,油—稻—稻(0.75)、豆—稻(0.75)和玉—稻(0.74)种植制度次之,最差的为稻—稻(0.70)种植制度。郴州地区最优的种植制度为油—稻

（0.81）、麦—稻（0.80）和薯—稻（0.80），其次为油—稻—稻（0.75）、玉—稻（0.75）和豆—稻（0.73）种植制度，最差的为稻—稻（0.68）种植制度。衡阳地区最优的种植制度为油—稻（0.78）和油—棉（0.78），其次为油—稻—稻（0.73）种植制度，最差的为稻—稻（0.67）种植制度。平江地区各种植制度的优劣特征与安化地区相同，但耦合度保证指数明显高于安化。桑植的 3 种种植制度间无明显差异，耦合度保证指数为 0.85～0.86。武冈地区最优的为油—苕（0.87）种植制度，其次为油—稻（0.84）、麦—稻（0.84）和薯—稻（0.83）种植制度，再次为玉—稻（0.79）和豆—稻（0.78）种植制度，最差的为稻—稻（0.73）种植制度。芷江地区 4 种种植制度的耦合度保证指数普遍较高，各种植制度之间相对最优的为油—苕（0.87），其次为油—棉（0.82）种植制度，最差的为麦—稻（0.79）和薯—稻（0.79）种植制度。

表 6.4　湖南省各种植制度耦合度保证指数

| 种植制度 | 典型站点 | | | | | | | | |
| --- | --- | --- | --- | --- | --- | --- | --- | --- | --- |
| | 安化 | 常德 | 长沙 | 郴州 | 衡阳 | 平江 | 桑植 | 武冈 | 芷江 |
| 油—稻—稻 | — | 0.78(4) | 0.75(4) | 0.75(4) | 0.73(3) | — | — | — | — |
| 稻—稻 | — | 0.74(6) | 0.70(7) | 0.68(7) | 0.67(4) | — | — | 0.73(7) | — |
| 油—稻 | — | 0.83(2) | 0.80(2) | 0.81(1) | 0.78(1) | — | — | 0.84(2) | — |
| 麦—稻 | 0.77(1) | — | — | 0.80(2) | — | 0.83(1) | 0.85(3) | 0.84(2) | 0.79(3) |
| 薯—稻 | 0.77(1) | — | — | 0.80(2) | — | 0.83(1) | 0.86(1) | 0.83(4) | 0.79(3) |
| 玉—稻 | 0.72(3) | 0.77(5) | 0.74(6) | 0.75(4) | — | 0.79(3) | — | 0.79(5) | — |
| 豆—稻 | 0.70(4) | 0.79(3) | 0.75(4) | 0.73(6) | — | 0.78(4) | — | 0.78(6) | — |
| 油—棉 | — | 0.84(1) | 0.80(2) | — | 0.78(1) | — | — | — | 0.82(2) |
| 油—苕 | — | — | 0.94(1) | — | — | — | 0.86(1) | 0.87(1) | 0.87(1) |

注：表中括号内数字为当地各种植制度按耦合度保证指数由高到低的排列次序。

若以当地各种植制度耦合度保证指数的平均值作为界限，耦合度保证指数高于均值的种植制度视为较优的种植制度，则湖南省各区域较优的种植制度排序见表 6.5。

表 6.5　湖南省各区域基于耦合度保证指数的种植制度优化

| 区域 | 较优种植制度 |
| --- | --- |
| 湘中偏北湿润中低海拔地形复杂区 | 冬小麦—中稻、马铃薯—中稻 |
| 湘北半湿润低海拔平原区 | 油菜—棉花、油菜—中稻、大豆—晚稻 |
| 湘东偏北半干旱低海拔平原与盆地丘陵过渡区 | 油菜—红薯、油菜—棉花、油菜—中稻 |

| 区域 | 较优种植制度 |
| --- | --- |
| 湘东南较干旱中低海拔丘陵区 | 油菜—中稻、冬小麦—中稻、马铃薯—中稻 |
| 中南部较干旱中低海拔盆地区 | 油菜—中稻、油菜—棉花 |
| 湘东北半湿润中低海拔山地丘陵区 | 冬小麦—中稻、马铃薯—中稻 |
| 湘西北较湿润中高海拔中山低山区 | 马铃薯—中稻、油菜—红薯 |
| 湘西南较湿润中高海拔丘陵区 | 油菜—红薯、油菜—中稻、冬小麦—中稻、马铃薯—中稻 |
| 湘西干旱高海拔山地丘陵区 | 油菜—红薯、油菜—棉花 |

# 6.3　湖南省不同种植制度产量降低率风险和水分效率分析

## 6.3.1　湖南省各种植制度产量降低率分析

各种植制度产量降低率是指相对于光温产量潜力的产量降低率,也就是在无灌溉的条件下,由于有效自然降水不足造成的光温生产潜力减产量占光温生产潜力的百分率。计算方法如下:

$$P_{YR} = (Y_t - Y_w)/Y_t \times 100\% \tag{6.3}$$

式中:$Y_t$ 和 $Y_w$ 分别为光温生产潜力和气候生产潜力($kg \cdot hm^{-2}$);$P_{YR}$ 为相对于光温生产潜力的产量降低率。光温生产潜力、气候生产潜力及有效降水都采用第 2 章的计算研究方法。

限于篇幅,本章对湖南省各种植制度不同作物生育期产量降低率进行的分析中,各站点不一一赘述,仅在涵盖大部分地形地势和全部种植制度的基础上,选择湖南省的常德、武冈进行分析。

为说明基于自然降水的产量较光温生产力的降低程度,采用相对产量降低率概念。相对产量降低率的计算方法与上节相对耦合度的计算方法类似:三熟种植制度各生育阶段产量降低率除以 21,两熟种植制度各生育阶段产量降低率除以 14,即为相对产量降低率。常德地区不同种植制度相对产量降低率见图 6.5。由图 6.5 可见:相对产量降低率最低的种植制度为油—棉种植制度,为 22%;油—稻种植制度的相对产量降低率为 29%;油—稻—稻种植制度约为 32%;玉—稻和豆—稻种植制度分别为 34% 和 35%;稻—稻种植制度相对产量降低率最高,达到 37%。对于不同作物,油菜、大豆、玉米、棉花及早稻全部或大部分生育阶段产量降低率均较低,在 30% 以下;相反,中稻和晚稻大部分生育阶段产量降低率较高,达到 50% 以上。

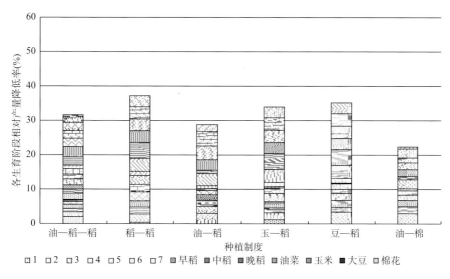

图 6.5 常德地区各种植制度相对产量降低率

武冈地区不同种植制度相对产量降低率见图 6.6。从图 6.6 可以看出：各种植制度相对产量降低率的变化范围为 21%～36%，其中：油—苕种植制度最低，为 21%；油—稻、麦—稻和薯—稻种植制度相对产量降低率均为 26%；玉—稻和豆—稻种植制度的相对产量降低率分别为 31% 和 32%；稻—稻种植制度最高，为 36%。对于各种植制度中的不同作物，油菜、红薯、玉米、大豆、马铃薯及冬小麦大部分生育阶段的相对产量降低率均较低，在 25% 以下；早稻和中稻稍高，大部分生育阶段相对产量降低率为 22%～45%；晚稻最高，多数生育阶段的相对产量降低率在 45% 以上。

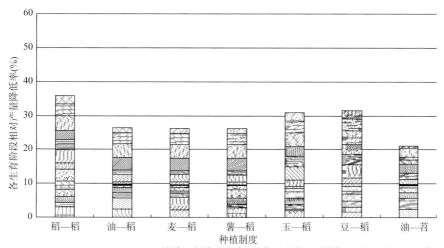

图 6.6 武冈地区各种植制度相对产量降低率

　　采用相同的分析方法,对湖南省其他各典型站点进行分析,结论如下:湖南省各种植制度平均相对产量降低率多年平均值除衡阳地区为35%外,其他地区均在30%及以下。安化有效降水对光温产量形成的限制作用较小,相对产量降低率仅为23%,为全省最低值。将各站不同种植制度作物生育期之间的相对产量降低率进行比较可以看出,相对产量降低率最高值多发生在晚稻返青后至成熟收获期、中稻拔节—乳熟期、冬小麦三叶—分蘖期等阶段,最高可达70%以上,这主要是由伏秋旱频繁发生及旱季到来与作物高需水量之间的矛盾造成的。冬小麦、油菜、马铃薯、玉米、大豆的生育末期及早稻和中稻的生育初期相对产量降低率较小,一般在10%以下,这主要是由作物的生理特性所决定的。

### 6.3.2　湖南省各种植制度产量降低率风险评价

　　为统一评价指标以便于分析,本章引入产量降低率风险指数的概念。所谓产量降低率风险指数,即将产量降低率以10%为步长划分为若干等级,并分别求出每一等级的发生概率,再将每一等级的中值与对应的概率乘积累加之和。与耦合度保证指数相反,产量降低率风险指数越低,则说明该种植制度总体光温产量潜力受有效降水的限制作用越弱,种植制度光温产量潜力发挥得越好,反之则说明限制作用越强,种植制度越差。公式为:

$$I_{YR} = F(G_{YR}, P_{YR}) = \sum_{i=1}^{n} G_{YR \cdot i} P_{YR \cdot i} \tag{6.4}$$

式中:$G_{YR}$为第 $i$ 个产量降低率等级;$P_{YR}$为对应产量降低率等级的发生概率;$I_{YR}$为产量降低率风险指数。

　　采用该方法,计算湖南省典型站点各种植制度产量降低率风险指数,见表6.6。从表6.6可以看出,各地区不同种植制度产量降低率风险指数的变化范围为14.7%～44.4%。依据产量降低率风险指数由低到高的排序,安化地区最优的种植制度为薯—稻(18.8%),其次为玉—稻(20.6%),最差的为麦—稻(22.3%)和豆—稻(23.2%)种植制度;常德地区最优的种植制度为油—棉(24.9%),其次为油—稻(28.6%),再次为玉—稻(32.5%)和油—稻—稻(33.9%),最差的种植制度为豆—稻(35.5%)和稻—稻(37.1%);长沙地区各种植制度相比,明显看出油—苕(5.0%)种植制度为最优模式,其次为油—棉(25.3%),再次为油—稻(31.3%)、玉—稻(33.4%)、油—稻—稻(34.4%)和豆—稻(35.3%),最差的为稻—稻(39.2%);郴州地区较优的种植制度为薯—稻(28.0%)、油—稻(30.2%)和麦—稻(31.1%),其次为油—稻—稻(36.2%)和玉—稻(36.6%),最差的为豆—稻(39.8%)和稻—稻(41.3%);衡阳地区的各种植制度从优到劣依次为油—棉(27.9%)、油—稻(33.6%)、油—稻—稻(39.2%)、稻—稻(44.4%);平江地区的各种植制度从优到劣依次为薯—稻(26.6%)、麦—稻(28.1%)、玉—稻(30.5%)、豆—稻(33.7%);桑植地区最优的种植制度为油—苕(14.7%),其次为薯—稻(19.9%),最差的为麦—稻(22.8%);武冈地区从优到劣的种植制度依次为油—苕(21.1%)、薯—稻(24.1%)、麦—稻(27.3%)、油—稻(27.5%)、玉—稻(30.8%)、豆—稻(33.7%)、稻—稻(37.7%);芷江地区最优的种植制度为油—苕(21.8%),其次为油—棉(26.5%)和薯—稻(28.4%),最差的为麦—稻(31.6%)。

表 6.6　湖南省各种植制度产量降低率风险指数　　　　　　　单位:%

| 种植制度 | 典型站点 | | | | | | | | |
|---|---|---|---|---|---|---|---|---|---|
| | 安化 | 常德 | 长沙 | 郴州 | 衡阳 | 平江 | 桑植 | 武冈 | 芷江 |
| 油—稻—稻 | — | 33.9(4) | 34.4(5) | 36.2(4) | 39.2(3) | | | | |
| 稻—稻 | — | 37.1(6) | 39.2(7) | 41.3(7) | 44.4(4) | | | 37.7(7) | |
| 油—稻 | — | 28.6(2) | 31.3(3) | 30.2(2) | 33.6(2) | | | 27.5(4) | |
| 麦—稻 | 22.3(3) | — | — | 31.1(3) | — | 28.1(2) | 22.8(3) | 27.3(3) | 31.6(4) |
| 薯—稻 | 18.8(1) | — | — | 28.0(1) | — | 26.6(1) | 19.9(2) | 24.1(2) | 28.4(3) |
| 玉—稻 | 20.6(2) | 32.5(3) | 33.4(4) | 36.6(5) | — | 30.5(3) | | 30.8(5) | |
| 豆—稻 | 23.2(4) | 35.5(5) | 35.3(6) | 39.8(6) | — | 33.7(4) | | 33.7(6) | |
| 油—棉 | | 24.9(1) | 25.3(2) | — | 27.9(1) | | | | 26.5(2) |
| 油—苕 | — | — | 5.0(1) | — | — | — | 14.7(1) | 21.1(1) | 21.8(1) |

注:表中括号内数字为按照当地产量降低率风险指数由低到高的排列次序。

若以当地各种植制度产量降低率风险指数的平均值作为阈值,产量降低率风险指数低于均值的种植制度视为较优的种植制度,则湖南省各区域较优的种植制度见表 6.7。

表 6.7　湖南省各区域基于产量降低率风险指数的种植制度优化

| 区域 | 较优种植制度 |
|---|---|
| 湘中偏北湿润中低海拔地形复杂区 | 冬小麦—中稻、马铃薯—中稻 |
| 湘北半湿润低海拔平原区 | 油菜—棉花、油菜—中稻、大豆—晚稻 |
| 湘东偏北半干旱低海拔平原与盆地丘陵过渡区 | 油菜—红薯、油菜—棉花、油菜—中稻 |
| 湘东南较干旱中低海拔丘陵区 | 油菜—中稻、冬小麦—中稻、马铃薯—中稻 |
| 中南部较干旱中低海拔盆地区 | 油菜—中稻、油菜—棉花 |
| 湘东北半湿润中低海拔山地丘陵区 | 冬小麦—中稻、马铃薯—中稻 |
| 湘西北较湿润中高海拔中山低山区 | 马铃薯—中稻、油菜—红薯 |
| 湘西南较湿润中高海拔丘陵区 | 油菜—红薯、油菜—中稻、冬小麦—中稻、马铃薯—中稻 |
| 湘西干旱高海拔山地丘陵区 | 油菜—红薯、油菜—棉花 |

### 6.3.3　湖南省各种植制度水分利用效率比较

水分利用效率指作物消耗单位水量所形成的经济产量,水分利用效率越高,则单位耗水量所形成的经济产量越高。在水资源有限的农业生产过程中,追求更高的水分利用效率已经成为明确的目标。本章仅考虑单位降水量对作物经济产量形成的作用。水分利用效率计算公式为:

$$WUE = Y_a/ET_a \tag{6.5}$$

式中:$WUE$ 为水分利用效率($kg \cdot mm^{-1} \cdot hm^{-2}$);$Y_a$ 为单位面积的经济产量($kg \cdot hm^{-2}$),本章为近 3 年作物实际单产平均值;$ET_a$ 为作物实际耗水量(mm),在此以生长季内自然降水量替代。

湖南省各种植制度的水分利用效率见表 6.8。从表 6.8 可以看出,湖南省各地区不同种植制度水分利用效率的变化范围为 1.3～13.3 $kg \cdot mm^{-1} \cdot hm^{-2}$。安化地区,薯—稻和玉—稻种植制度的水分利用效率最高,为 7.0 $kg \cdot mm^{-1} \cdot hm^{-2}$;其次为豆—稻,为 6.1 $kg \cdot mm^{-1} \cdot hm^{-2}$;最低的为麦—稻,为 5.4 $kg \cdot mm^{-1} \cdot hm^{-2}$。常德地区,水分利用效率最高的种植制度为稻—稻(10.8 $kg \cdot mm^{-1} \cdot hm^{-2}$)和玉—稻(10.2 $kg \cdot mm^{-1} \cdot hm^{-2}$);其次为豆—稻(8.4 $kg \cdot mm^{-1} \cdot hm^{-2}$)和油—稻—稻(7.4 $kg \cdot mm^{-1} \cdot hm^{-2}$);油—稻种植制度为 5.9 $kg \cdot mm^{-1} \cdot hm^{-2}$;最低的为油—棉种植制度的 2.0 $kg \cdot mm^{-1} \cdot hm^{-2}$。长沙地区,水分利用效率最高的种植制度为稻—稻(11.6 $kg \cdot mm^{-1} \cdot hm^{-2}$)、玉—稻(11.3 $kg \cdot mm^{-1} \cdot hm^{-2}$)和豆—稻(10.1 $kg \cdot mm^{-1} \cdot hm^{-2}$);其次为油—稻—稻(7.7 $kg \cdot mm^{-1} \cdot hm^{-2}$);再次为

表 6.8　湖南省各种植制度的水分利用效率　　　　　　单位:$kg \cdot mm^{-1} \cdot hm^{-2}$

| 种植制度 | 典型站点 | | | | | | | | |
|---|---|---|---|---|---|---|---|---|---|
| | 安化 | 常德 | 长沙 | 郴州 | 衡阳 | 平江 | 桑植 | 武冈 | 芷江 |
| 油—稻—稻 | — | 7.4(4) | 7.7(4) | 7.1(5) | 8.1(2) | | | — | — |
| 稻—稻 | — | 10.8(1) | 11.6(1) | 11.0(1) | 13.3(1) | | | 12.6(2) | |
| 油—稻 | | 5.9(5) | 5.9(5) | 4.9(7) | 5.9(3) | | | 6.6(6) | |
| 麦—稻 | 5.4(4) | — | | 5.9(6) | | 6.4(4) | 5.3(2) | 7.8(5) | 6.9(2) |
| 薯—稻 | 7.0(1) | | | 7.8(4) | | 8.3(2) | 6.7(1) | 12.6(2) | 8.3(1) |
| 玉—稻 | 7.0(1) | 10.2(2) | 11.3(2) | 9.4(2) | | 9.4(1) | | 12.8(1) | |
| 豆—稻 | 6.1(3) | 8.4(3) | 10.1(3) | 8.7(3) | | 7.9(3) | | 9.8(4) | |
| 油—棉 | | 2.0(6) | 1.6(7) | | 1.7(4) | | | | 1.3(4) |
| 油—苕 | | | 4.2(6) | | | | 2.9(3) | 4.2(7) | 3.0(3) |

注:表中括号内数字为按照当地水分利用效率由高到低的排列次序。

油—稻(5.9 kg·mm$^{-1}$·hm$^{-2}$)和油—苕(4.2 kg·mm$^{-1}$·hm$^{-2}$);最低的为油—棉种植制度(1.6 kg·mm$^{-1}$·hm$^{-2}$)。郴州地区,水分利用效率最高的种植制度为稻—稻(11.0 kg·mm$^{-1}$·hm$^{-2}$);其次为玉—稻(9.4 kg·mm$^{-1}$·hm$^{-2}$)、豆—稻(8.7 kg·mm$^{-1}$·hm$^{-2}$)、薯—稻(7.8 kg·mm$^{-1}$·hm$^{-2}$)和油—稻—稻(7.1 kg·mm$^{-1}$·hm$^{-2}$);最低的为麦—稻(5.9 kg·mm$^{-1}$·hm$^{-2}$)和油—稻(4.9 kg·mm$^{-1}$·hm$^{-2}$)。衡阳地区,水分利用效率最高的种植制度为稻—稻(13.3 kg·mm$^{-1}$·hm$^{-2}$);其次为油—稻—稻(8.1 kg·mm$^{-1}$·hm$^{-2}$)和油—稻(5.9 kg·mm$^{-1}$·hm$^{-2}$)种植制度,最低的为油—棉(1.7 kg·mm$^{-1}$·hm$^{-2}$)。平江地区,水分利用效率最高的种植制度为玉—稻(9.4 kg·mm$^{-1}$·hm$^{-2}$);其次为薯—稻(8.3 kg·mm$^{-1}$·hm$^{-2}$)和豆—稻(7.9 kg·mm$^{-1}$·hm$^{-2}$);最低的为麦—稻(6.4 kg·mm$^{-1}$·hm$^{-2}$)。桑植地区,水分利用效率最高的种植制度为薯—稻(6.7 kg·mm$^{-1}$·hm$^{-2}$);其次为麦—稻(5.3 kg·mm$^{-1}$·hm$^{-2}$);最低的为油—苕(2.9 kg·mm$^{-1}$·hm$^{-2}$)。武冈地区,水分利用效率最高的种植制度为玉—稻(12.8 kg·mm$^{-1}$·hm$^{-2}$)、薯—稻(12.6 kg·mm$^{-1}$·hm$^{-2}$)和稻—稻(12.6 kg·mm$^{-1}$·hm$^{-2}$);其次为豆—稻(9.8 kg·mm$^{-1}$·hm$^{-2}$);麦—稻和油—稻种植制度的水分利用效率分别为 7.8 和 6.6 kg·mm$^{-1}$·hm$^{-2}$;油—苕种植制度的水分利用效率最低,为 4.2 kg·mm$^{-1}$·hm$^{-2}$。芷江地区,水分利用效率较高的种植制度为薯—稻(8.3 kg·mm$^{-1}$·hm$^{-2}$)和麦—稻(6.9 kg·mm$^{-1}$·hm$^{-2}$),较低的为油—苕(3.0 kg·mm$^{-1}$·hm$^{-2}$)和油—棉(1.3 kg·mm$^{-1}$·hm$^{-2}$)。

综上所述,湖南省水分利用效率最高的种植制度为稻—稻和玉—稻模式,豆—稻和薯—稻模式次之,油—稻—稻、麦—稻和油—稻模式较低,油—苕和油—棉模式最低。

## 6.3.4  湖南省各种植制度水分经济效益分析

经济效益是农民进行生产的直接目标之一,对种植制度的形成具有一定的导向性作用。所谓降水净产值率(以下简称净产值率),就是在特定种植制度中单位面积上单位降水量所形成的作物目标产品的净产值。水分经济效益由两方面决定,一是农产品的实际经济价值,另一个是作物生长季的降水量。

本章中的农作物主产品降水净产值率,即根据不同种植制度主产品的净产值和生长季内总降水量计算所得:

$$N_{op} = N_o/P \tag{6.6}$$

式中:$N_{op}$ 为农作物主产品降水净产值率(元·mm$^{-1}$·hm$^{-2}$);$N_o$ 为主产品净产值(元·hm$^{-2}$);$P$ 为作物生长季内降水量(mm)。

利用式(6.6),依据湖南省农产品价格和降水量数据计算湖南省各种植制度的降水净产值率(表 6.9)。从表 6.9 可以看出,湖南省不同种植制度的降水净产值率差异较大,变化范围为 2.5～14.9 元·mm$^{-1}$·hm$^{-2}$。各地区不同种植制度降水净产值率有所差异,总体表现为油—棉、豆—稻、玉—稻及稻—稻种植制度的降水净产值率较高,麦—稻、薯—稻、油—稻—稻、油—稻及油—苕种植制度的降水净产值率相对较低,其中油—苕种植制度远低于其他种植制度。具体到各地区,安化地区,豆—稻种植制度的降水净产值率最高,为 8.7 元·mm$^{-1}$·hm$^{-2}$;其次为玉—稻,为 7.7 元·mm$^{-1}$·hm$^{-2}$;薯—稻(6.4 元·mm$^{-1}$·hm$^{-2}$)和麦—稻(6.1 元·mm$^{-1}$·hm$^{-2}$)最低。常德地区各种植制度中,降水净产值率最高的为油—棉种植制度(13.4 元·mm$^{-1}$·hm$^{-2}$)和豆—稻(12.5 元·mm$^{-1}$·hm$^{-2}$);其次为稻—稻(11.2 元·mm$^{-1}$·hm$^{-2}$)和玉—稻(11.1 元·mm$^{-1}$·hm$^{-2}$);最低的为油—稻—稻(8.8 元·mm$^{-1}$·hm$^{-2}$)和油—稻(8.0 元·mm$^{-1}$·hm$^{-2}$)。长沙地区豆—稻(17.0 元·mm$^{-1}$·hm$^{-2}$)种植制度降水净产值率明显高于其他种植制度;其次为玉—稻(12.3 元·mm$^{-1}$·hm$^{-2}$)、稻—稻(12.0 元·mm$^{-1}$·hm$^{-2}$)和油—棉(10.6 元·mm$^{-1}$·hm$^{-2}$)种植制度;再次为油—稻—稻(8.8 元·mm$^{-1}$·hm$^{-2}$)和油—稻(7.7 元·mm$^{-1}$·hm$^{-2}$)种植制度;油—苕种植制度最低,为 3.3 元·mm$^{-1}$·hm$^{-2}$。郴州地区的各种植制度中,豆—稻种植制度降水净产值率最高,为 14.8 元·mm$^{-1}$·hm$^{-2}$;其次为稻—稻(11.4 元·mm$^{-1}$·hm$^{-2}$)和玉—稻(10.3 元·mm$^{-1}$·hm$^{-2}$);油—稻—稻(8.1 元·mm$^{-1}$·hm$^{-2}$)、薯—稻(6.8 元·mm$^{-1}$·hm$^{-2}$)、麦—稻(6.5 元·mm$^{-1}$·hm$^{-2}$)及油—稻(6.5 元·mm$^{-1}$·hm$^{-2}$)种植制度为最低。衡阳地区各种植制度的降水净产值率从高到低依次为稻—稻(13.8 元·mm$^{-1}$·hm$^{-2}$)、油—棉(12.1 元·mm$^{-1}$·hm$^{-2}$)、油—稻—稻(9.3 元·mm$^{-1}$·hm$^{-2}$)、油—稻(7.7 元·mm$^{-1}$·hm$^{-2}$)。平江地区各种植制度的降水净产值率从高到低依次为豆—稻(11.8 元·mm$^{-1}$·hm$^{-2}$)、玉—稻(10.3 元·mm$^{-1}$·hm$^{-2}$)、薯—稻(8.7 元·mm$^{-1}$·hm$^{-2}$)、麦—稻(7.1 元·mm$^{-1}$·hm$^{-2}$)。桑植地区麦—稻(5.9 元·mm$^{-1}$·hm$^{-2}$)和薯—稻(5.9 元·mm$^{-1}$·hm$^{-2}$)种植制度的降水净产值率较油—苕(2.8 元·mm$^{-1}$·hm$^{-2}$)种植制度高。武冈地区的各种植制度中,降水净产值率最高的为豆—稻(14.9 元·mm$^{-1}$·hm$^{-2}$)、玉—稻(14.1 元·mm$^{-1}$·hm$^{-2}$)和稻—稻(13.0 元·mm$^{-1}$·hm$^{-2}$);其次为薯—稻(10.3 元·mm$^{-1}$·hm$^{-2}$)、麦—稻(8.7 元·mm$^{-1}$·hm$^{-2}$)和油—稻(8.7 元·mm$^{-1}$·hm$^{-2}$);最低的为油—苕(3.4 元·mm$^{-1}$·hm$^{-2}$)。芷江地区降水净产值率最高的种植制度为油—棉(8.6 元·mm$^{-1}$·hm$^{-2}$);其次为薯—稻(7.7 元·mm$^{-1}$·hm$^{-2}$)和麦—稻(7.7 元·mm$^{-1}$·hm$^{-2}$);最低的为油—苕(2.5 元·mm$^{-1}$·hm$^{-2}$)。

表 6.9　湖南省各种植制度降水净产值率　　单位:元·mm⁻¹·hm⁻²

| 种植制度 | 典型站点 | | | | | | | | |
|---|---|---|---|---|---|---|---|---|---|
| | 安化 | 常德 | 长沙 | 郴州 | 衡阳 | 平江 | 桑植 | 武冈 | 芷江 |
| 油—稻—稻 | — | 8.8(5) | 8.8(5) | 8.1(4) | 9.3(3) | | | | |
| 稻—稻 | — | 11.2(3) | 12.0(3) | 11.4(2) | 13.8(1) | | — | 13.0(3) | |
| 油—稻 | | 8.0(6) | 7.7(6) | 6.5(6) | 7.7(4) | | | 8.7(5) | |
| 麦—稻 | 6.1(4) | — | | 6.5(6) | — | 7.1(4) | 5.9(1) | 8.7(5) | 7.7(2) |
| 薯—稻 | 6.4(3) | — | | 6.8(5) | | 8.7(3) | 5.9(1) | 10.3(4) | 7.7(2) |
| 玉—稻 | 7.7(2) | 11.1(4) | 12.3(2) | 10.3(3) | | 10.3(2) | | 14.1(2) | |
| 豆—稻 | 8.7(1) | 12.5(2) | 17.0(1) | 14.8(1) | | 11.8(1) | | 14.9(1) | |
| 油—棉 | — | 13.4(1) | 10.6(4) | — | 12.1(2) | | | — | 8.6(1) |
| 油—苕 | | | 3.3(7) | | | | 2.8(3) | 3.4(7) | 2.5(4) |

注:表中数据为 2006—2008 年均值,括号内数字为按照当地降水净产值率由高到低的排列次序。

# 6.4　湖南省防旱避灾种植制度评价

## 6.4.1　防旱避灾种植制度评价指标体系的建立

　　根据"防旱避灾种植制度优化"的最终目标,本章以水分效益和经济效益为目标建立评价指标。依据层析分析方法的原则,共设三层指标:第Ⅰ层为目标层,即典型区域防旱避灾种植制度评价;第Ⅱ层为准则层,包括水分效益、经济效益两大类;第Ⅲ层为指标层,包括耦合度保证指数、产量降低率风险指数、水分利用效率、作物单产和降水净产值率 5 个指标。

　　在指标权重确定时,一般采取专家评分法请相关领域的数位专家打分后进行归一化处理,得出各评价指标的权重值。本章参考武雪萍等(2008)的研究结果,将各指标的权重定为 0.2。

　　指标评价体系层次关系及指标权重值见图 6.7。

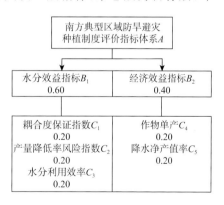

图 6.7　湖南防旱避灾种植制度
评价指标及其权重

### 6.4.2 评价过程及优化结果

以安化地区为例,进行防旱避灾种植制度评价。安化地区主体种植制度是一年两熟,主要的种植制度有冬小麦—中稻($T_1$)、马铃薯—中稻($T_2$)、玉米—晚稻($T_3$)和大豆—晚稻($T_4$)。评价指标选用耦合度保证指数、产量降低率风险指数、水分利用效率、作物单产和降水净产值率,对所有指标取值进行无量纲化(郭亚军等,2008),结果见表6.10。

**表 6.10 评价指标无量纲化结果**

| 评价指标 | | 种植制度 | | |
| --- | --- | --- | --- | --- |
| | 麦—稻 $T_1$ | 薯—稻 $T_2$ | 玉米—晚稻 $T_3$ | 大豆—晚稻 $T_4$ |
| $C_1$ 耦合度保证指数 | 1.000 0 | 0.953 6 | 0.229 9 | 0.000 0 |
| $C_2$ 产量降低率风险指数 | 0.195 6 | 1.000 0 | 0.589 2 | 0.000 0 |
| $C_3$ 水分利用效率 | 0.000 0 | 0.965 5 | 1.000 0 | 0.404 0 |
| $C_4$ 作物单产 | 0.007 7 | 0.844 8 | 1.000 0 | 0.000 0 |
| $C_5$ 降水净产值率 | 0.000 0 | 0.125 6 | 0.611 5 | 1.000 0 |

然后采用评价模型进行计算:

$$W_s = \sum_{i=1}^{5} P_{ni} W_i \qquad (6.7)$$

式中:$W_s$ 为某种植制度总分值;$P_{ni}$ 为指标 $i$ 在该种植制度中的取值;$W_i$ 为指标 $i$ 的权重值。

按照式(6.7)的计算结果见表6.11。

**表 6.11 安化地区种植制度效益比较**

| 种植制度 | 麦—稻 $T_1$ | 薯—稻 $T_2$ | 玉—稻 $T_3$ | 豆—稻 $T_4$ |
| --- | --- | --- | --- | --- |
| 综合效益 | 0.240 7 | 0.777 9 | 0.686 1 | 0.280 8 |

由表6.10和表6.11可以看出,在安化地区的4种种植制度中,薯—稻和玉—稻种植制度的综合效益较高,是两种比较适宜的种植制度。麦—稻种植制度除耦合度保证指数指标、豆—稻种植制度除降水净产值率指标值较高外,其他指标值均较低,因而综合效益得分较低,不宜推广。

### 6.4.3 湖南省各典型站点防旱避灾种植制度评价

按照上述方法和步骤,评价湖南省各典型站点不同种植制度的综合效益,结果见表6.12。由表6.12可知:

表 6.12 湖南省各种植制度综合效益评价总分值

| 种植制度 | 典型站点 | | | | | | | | |
| --- | --- | --- | --- | --- | --- | --- | --- | --- | --- |
| | 安化 | 常德 | 长沙 | 郴州 | 衡阳 | 平江 | 桑植 | 武冈 | 芷江 |
| 油—稻—稻 | — | 0.491 1 | 0.476 6 | 0.495 1 | 0.538 8 | — | — | — | — |
| 稻—稻 | — | 0.483 0 | 0.504 0 | 0.476 0 | 0.576 3 | — | — | 0.535 1 | — |
| 油—稻 | — | 0.515 2 | 0.389 3 | 0.366 0 | 0.506 2 | — | — | 0.500 1 | — |
| 麦—稻 | 0.240 7 | — | — | 0.400 5 | — | 0.357 6 | 0.443 5 | 0.547 3 | 0.498 8 |
| 薯—稻 | 0.777 9 | — | — | 0.574 4 | — | 0.727 5 | 0.872 0 | 0.828 8 | 0.639 1 |
| 玉—稻 | 0.686 1 | 0.614 8 | 0.575 0 | 0.528 2 | — | 0.680 3 | — | 0.757 4 | — |
| 豆—稻 | 0.280 8 | 0.550 5 | 0.579 0 | 0.481 0 | — | 0.311 3 | — | 0.546 2 | — |
| 油—棉 | — | 0.600 0 | 0.270 9 | — | 0.542 3 | — | — | — | 0.382 1 |
| 油—苕 | — | — | 0.521 4 | — | — | — | 0.302 9 | 0.400 0 | 0.517 1 |

安化地区的 4 种种植制度中,薯—稻和玉—稻种植制度因各项指标值均较高,因而综合效益也较高。麦—稻种植制度除耦合度保证指数指标、豆—稻种植制度除降水净产值率指标值较高外,其他指标值均较低,因而综合效益得分较低。

常德地区的 6 种种植制度中,玉—稻和油—棉种植制度多项指标值较高,综合效益最高;豆—稻种植制度的耦合度保证指数和产量降低率风险指数指标值较低,综合效益居中;油—稻、油—稻—稻及稻—稻种植制度的大部分指标值较低,综合效益最低。

长沙地区的 7 种种植制度中,玉—稻和豆—稻种植制度的多项指标值均较高,综合效益最高;油—苕、稻—稻和油—稻—稻种植制度的部分指标值较低,综合效益居中;油—稻和油—棉种植制度的多项指标值较低,综合效益最低。

郴州地区的 7 种种植制度中,薯—稻种植制度的各项指标值较高,综合效益最高;玉—稻、油—稻—稻、豆—稻和稻—稻种植制度的综合效益居中;麦—稻和油—稻种植制度的综合效益最差。

衡阳地区的 4 种种植制度中,稻—稻种植制度的综合效益最高;油—棉和油—稻—稻种植制度部分指标值较低;油—稻种植制度因降水净产值率等指标值较低,综合效益最差。

平江地区的 4 种种植制度中,薯—稻和玉—稻种植制度的各项指标值均较高,综合效益较高;麦—稻和豆—稻种植制度的部分指标值较低,综合效益较低。

桑植地区的 3 种种植制度中,薯—稻种植制度的各指标值均较高,综合效益最高;麦—稻种植制度的耦合度保证指数、产量降低率风险指数指标值较低,综合效益居中;油—苕种植制度因水分利用效率、作物单产和降水净产值率指标值均较低,综合效益最低。

武冈地区的 7 种种植制度中,薯—稻和玉—稻种植制度的各项指标值均较高,综合效益最高;稻—稻、豆—稻、麦—稻和油—稻种植制度因部分指标值较低,综合效益居中;油—苕种植制度因多项指标值较低,综合效益最低。

芷江地区的4种种植制度中,薯—稻种植制度除耦合度保证指数指标值较低外,其余指标值均较高,综合效益最高;因油—苕种植制度的降水净产值率指标、麦—稻种植制度的耦合度保证指数及产量降低率风险指数指标值偏低,综合效益低于薯—稻种植制度;油—棉种植制度的水分利用效率和作物单产指标值均较低,故综合效益最低。

综合评价的总分值越高则为越优的种植制度,反之则为越差的种植制度。

若以各种植制度综合效益总分值的均值作为阈值,高于均值的视为较优种植制度,适宜在生产中推广,低于均值的则视为较差种植制度,那么湖南省各区域较优的种植制度,在仅考虑耦合度保证指数、产量降低率风险指数、水分利用效率、作物单产和降水净产值率5项指标且各指标权重相等时,防旱避灾种植制度优化结果见表6.13。

表6.13  湖南省各区域防旱避灾种植制度优化结果

| 区域 | 种植制度优化结果 |
| --- | --- |
| 湘中偏北湿润中低海拔地形复杂区 | 马铃薯—中稻、玉米—晚稻 |
| 湘北半湿润低海拔平原区 | 玉米—晚稻、大豆—晚稻、油菜—棉花 |
| 湘东偏北半干旱低海拔平原与盆地丘陵过渡区 | 油菜—早稻—晚稻、早稻—晚稻、玉米—晚稻、大豆—晚稻、油菜—红薯 |
| 湘东南较干旱中低海拔丘陵区 | 油菜—早稻—晚稻、早稻—晚稻、马铃薯—中稻、玉米—晚稻、大豆—晚稻 |
| 中南部较干旱中低海拔盆地区 | 早稻—晚稻、油菜—棉花 |
| 湘东北半湿润中低海拔山地丘陵区 | 马铃薯—中稻、玉米—晚稻 |
| 湘西北较湿润中高海拔中山低山区 | 马铃薯—中稻 |
| 湘西南较湿润中高海拔丘陵区 | 马铃薯—中稻、玉米—晚稻 |
| 湘西干旱高海拔山地丘陵区 | 马铃薯—中稻、油菜—红薯 |

# 6.5  小结

本章以湖南省作为案例,分析了气候变化背景下种植制度对季节性干旱的适应性。基于各典型区域代表性种植制度自然降水与作物需水耦合度和保证指数、相对于光温生产潜力的产量降低率和风险指数、水分利用效率及水分经济效益等指标,从降水耦合、产量降低及多目标综合角度评价了各种种植制度的优劣,提出典型区域针对多目标的防旱避灾优化种植制度。

# 参 考 文 献

郭亚军,易平涛.2008.线性无量纲化方法的性质分析.统计研究,**25**(2):93-100.

秦大河,等.2012.中国气候与环境演变:2012(第二卷).北京:气象出版社:58-87.

武雪萍,郑妍,姜志伟,等.2008.洛阳市节水高效种植制度评价研究//唐华俊,逄焕成,任天志,
　　等.节水农作制度理论与技术.北京:中国农业科学技术出版社:180-184.

# 第7章　种植制度应对气候变化策略

　　气候变化直接导致农业生产的热、水、光等气候资源条件变化,会直接影响到作物生产体系的种植制度、生产结构和品种布局演变,并通过气候灾害特征、病虫害发生规律等变化间接影响到作物生产管理模式改变。一个地区实际的种植制度不仅取决于气候资源,同时受土壤条件、品种特性、生产水平、经济环境、市场需求、劳动力资源及技术水平等因素综合影响,使种植制度调整优化变得更加复杂。因此,种植制度在应对气候变化的优化策略方面,需要综合考虑更多因素,既涉及根据气候资源因素变化采取的熟制、作物种类与结构、空间布局的调整优化,也涉及耕作栽培技术、作物品种选育、农田地力培育、生态环境建设等技术与政策层面的调整优化。

## 7.1　种植区划与作物布局调整

### 7.1.1　作物熟制界限调整

　　我国种植区划中熟制划分基本上是以热量为主导因素,以自然降水量与灌溉条件为辅助因素综合考虑的。本书前面研究表明:随着温度升高和积温增加,我国一年一熟带、一年两熟带、一年三熟带都不同程度向北移动。与 1961—1980 年相比,一年一熟区和一年两熟区分界线空间位移最大的省(市)为陕西、山西、河北、北京和辽宁。其中,在山西省、陕西省、河北省境内平均向北移动了 26 km,辽宁省南部地区由原来的 $40°01'\sim40°05'$N 之间的小片区域可一年两熟,变化到辽宁省绥中、鞍山、营口、大连一线。一年两熟区和一年三熟区分界线空间位移最大的区域在湖南省、湖北省、安徽省、江苏省和浙江省。浙江分界线由杭州一线跨越到江苏吴县(现在的苏州市吴中区和相城区)东山一线,向北移动了约 103 km;安徽巢湖和芜湖附近向北移动了 127 km,安徽其他地区平均向北移动了 29 km;湖北省钟祥以东地区向北移动了 35 km;湖南沅陵附近向北移动了 28 km。

　　熟制空间位移调整意味着我国两熟和三熟区面积扩大,提高复种指数的潜力明显增大。尤其在一熟、两熟过渡区和两熟、三熟过渡区,热量资源的开发利用具备可能性,冬作物可种植面积加大。如北方一熟地区可以扩大二年三熟、一年两熟种植模式;黄淮地区可以增加麦—棉两熟、麦—稻两熟面积;江南地区可以扩大油菜—水稻两熟、大麦(小麦、油菜)—早稻—晚稻三熟、小麦—玉米—水稻三熟等多熟制面积。

在热量资源条件随气候变化逐步改善条件下,水资源条件将更加成为影响多熟制发展的关键因素。在雨养农业条件下,自然降水数量及其保证率决定熟制调整的可能性。由于气候变化对降水资源影响的不确定性,将在很大程度上制约多熟制发展和复种指数提高,国内外相关研究都有关于气候变化影响降水量增加或减少的结论。但在灌溉农业条件下,可以充分利用热量资源改善的优势,利用多熟制和复种指数提高增加单位面积的作物生产力。本书前面研究分析表明,选择春玉米为一年一熟区的代表性种植制度,冬小麦—夏玉米为一年两熟区的代表性种植制度,冬小麦—早稻—晚稻为一年三熟区的代表性种植制度,在不考虑品种变化、社会经济等因素的前提下,多熟制范围扩大可以使粮食单产获得不同程度的增加,提高幅度可达 $50\% \sim 110\%$,这对提升我国农业生产能力和保障国家粮食安全有非常重要的积极意义。

## 7.1.2　作物结构及品种布局优化

气候变化对作物种植结构影响非常深刻。大范围的气温升高,使各地的热量条件得到不同程度的改善,喜温高产作物的种植区域向北和向高海拔地区推移,喜凉作物面积被不断压缩。如近 30 年,东北地区的春小麦、甜菜、油菜、马铃薯种植面积持续缩减,而热量资源利用效率更高的玉米、水稻、花生种植面积持续扩大。

气候变化使原有作物生育进程加快,生育期缩短,多数研究证实气候变化对作物产量有负面影响,但同时为作物品种调整提供了机遇。因此,对各类作物品种的种植区域、品种选择及全年生长期有效配置等进行适应性调整非常必要。一方面,在原来受热量条件制约只能种植早熟、中熟品种的地区,可以选用生育期较长、产量潜力较高的中熟、晚熟品种。如在华中和华东稻区北部地区,选用生育期较长、产量潜力较高的中、晚熟水稻品种替代生育期较短、产量潜力较低的早、中熟品种;在东北、西北地区,不同年代春玉米严重冷害总体表现为减少趋势,不同熟性玉米品种可种植北界明显北移东延,早熟品种逐渐被中、晚熟品种取代。但另一方面,气候变化背景下的极端天气气候事件发生频率亦相应增加,干旱、洪涝、高温和低温冷害等农业气象灾害的发生频率增大,单纯的高产品种将会被抗逆性强的稳产品种代替,尤其抗旱、耐热的作物品种将扩大种植。

气候变化背景下的种植结构调整和布局优化需求迫切且变得更加复杂。一个地区实际的种植制度不仅取决于气候资源,同时受土壤条件、品种特性、生产水平、经济环境、市场需求、劳动力资源及技术水平等因素综合影响。因此,进行作物结构调整和品种布局优化需要强有力的科技支撑,需要准确分析作物品种的适应性及调整优化后可能的气候灾害风险,配套相应的栽培耕作技术及生物与气象灾害防控技术。

# 7.2　防灾减灾农作制度构建

## 7.2.1　建立作物生产农业气象灾害的防控技术体系

随着气候变暖,各种天气系统的活动更强烈、更频繁,极端天气气候事件发生频率增加,干旱、洪涝、高温和低温冷害等农业气象灾害的发生频率亦相应增加,作物生产面临的自然灾害危害会明显加大。近30年来,我国气象灾害对种植业生产的影响,虽年际间有波动,但总体呈加重趋势;20世纪90年代农作物年均成灾、绝收面积,比20世纪80年代年均分别增长19.1%和59.2%;21世纪初农作物年均成灾面积3.8亿亩*,绝收面积9 340万亩,比20世纪90年代年均分别增长1.5%和8.8%。21世纪以来,2001—2003年华北平原连续干旱,2004年华南大旱,2005年珠江流域洪涝,2006年川渝特大干旱,2007年东北大旱、淮河流域特大洪涝,2008年初南方特大低温雨雪冰冻灾害,2009年华北初春大旱、东北夏伏旱,2010年西南严重旱、倒春寒、低温等,几乎每年都发生大范围的重大农业自然灾害,给我国粮食安全和农业生产带来巨大威胁。

针对气候变化导致的农业气象灾害加剧的趋势,迫切需要加强农业灾害性天气的预警与适应能力建设。一方面需要继续提升气象灾害的监测、预警技术水平与装备水平,把气象技术、遥感技术、计算机通信技术与农业领域分析技术相结合,建立系统、完善的农业生产气象服务保障体系。尤其是针对严重危害农作物生产的高温(热害、干热风)、低温(寒害、冻害、寒露风)、干旱、洪涝、暴雪等气象灾害,建立健全灾害的监测与预警技术体系。另一方面,需要建立农作物生产气象灾害的影响评估及风险管理体系,强化防灾、减灾、避灾技术研发,形成区域防灾减灾的综合集成技术模式与配套技术,增强农业生产适应气候变化的综合能力。同时,还需要努力提高人工影响天气技术和装备水平,不断提高人工调控力度和影响范围,包括人工增雨、防雹等作业水平,更好地服务于农业生产。

## 7.2.2　建立作物生产生物灾害的防控技术体系

大量的监测与研究结果都证实,大范围流行性、暴发性农作物重大病虫害发生、发展都和气象条件密切相关或与气象灾害相伴发生,气候变暖会使病虫草害进

---

* 1亩＝1/15 hm²,下同。

一步加剧,对作物生产构成极大威胁。温度升高首先会使多种病虫的越冬状况改善,可造成主要农作物病虫越冬基数增加、越冬死亡率降低、次年病虫发生期提前等。更为严重的是,多种主要作物的迁飞性害虫比现在分布更广、危害更大。另外,温度升高会导致害虫年发生代数增加,作物多次受害的概率增大。据监测,与20世纪80年代相比,小麦条锈病越夏区的海拔高度升高100 m以上,发生流行时间提早半个月左右;水稻"两迁"害虫和飞蝗发生区域向高纬度、高海拔地区扩展、南方水稻黑条矮缩病、小麦胞囊线虫、玉米锈病等新病虫危害加重。

针对气候变化导致作物生物灾害发生规律出现的新变化,需要准确掌握作物生物灾害发生的气象规律及其发生、发展动态,提升作物生物灾害的监测和预警技术,制定相应的减灾应急预案和技术种植模式,以提高适应气候变化的能力。首先,需要充分利用现代生物技术、信息技术、空间遥感技术等提高作物病虫害发生、流行的预测预报技术水平,提高病虫害中长期预测预报的准确率,以有效指导农业生产进行预防和控制。其次,需要加大防御、抵抗、规避、减轻灾害的新产品及防控新技术研发力度,开发相应的设备和制剂,建立有效的作物栽培、耕作及品种选用等管理技术体系,为减轻农业生物灾害提供强有力的科技支撑。第三,需要加速推进生物防治和新型绿色环保农药发展,避免陷入灾害越重、用药越多的恶性循环,既防止污染环境和农产品,又间接推动防治病虫能力提高。

## 7.2.3　建立防灾减灾农作制度

农作制度(farming system)是从系统角度研究农作物生产与自然环境及社会经济环境关系,具有很强的综合性、区域性和整体协调功能,不仅研究种植制度、土壤耕作模式与技术,也涉及相关的农业生产组织经营制度优化等,突出技术筛选优化、组装集成,以及技术的适应性、经济性评价(刘巽浩 等,2006)。国际上流行的"农作制度研究与推广"(farming systems research and extension)是20世纪70年代以后发展起来的一种农业研究与发展模式,核心内容是在农民积极参与条件下,提出适宜的技术和方法来改善农户生产和生存基础,帮助满足农民不断提高的营养及生存需求,同时追求合理利用资源,为全球性范围的农业可持续发展做出贡献。我国农作制是在传统耕作制度研究基础上延伸和拓展的,一方面是适应我国农业生产系统整体性不断加强、技术集成及其经济效果重要性日趋突出的结果;另一方面,是针对传统的就作物论作物、就资源论资源、就单项技术论技术等,难以达到预期的农业和农村整体发展目标,迫切要求强化制度性技术进步的需要。

防灾减灾农作制重点针对我国大陆性季风气候的旱、涝灾害频繁,农作物生产受灾害影响严重的问题,研究探索趋利避害、防灾减灾的品种选择、种植模式和作物布局调整技术等,推动农作物的减灾模式从灾后恢复救助为主转变为减灾准备和风险管理为主。防灾减灾农作制的主要内容包括：

（1）分析全球气候变化对种植制度及农作物生产影响，开展作物生产系统的气候变化脆弱性和适应性评估，提出应对气候变化的农作制适应与应对策略。

（2）研究探索趋利避害、防灾减灾的品种选择、种植模式和作物布局调整技术、农田综合管理优化技术等，筛选和创新区域减灾避灾农作制模式及其配套技术。

（3）在广泛调研和试验研究基础上，建立针对不同区域旱、涝、低温等灾害特点的农作制防灾预案，提高不同区域农作物生产灾害应急处理技术水平和减灾能力。

（4）结合区域农业应对气候变化影响特点与技术需求，有针对性地构建节水农作制、多熟农作制、保护性耕作制、低碳农作制等，重点是通过熟制、种植结构与空间布局、种植模式优化，以及作物栽培技术、秸秆管理、土壤耕作措施优化等，建立区域资源高效利用、节能减排、土壤增碳的农作制。

# 7.3　作物节能减排与固碳的栽培耕作技术

## 7.3.1　作物高产与资源高效利用技术

在气候变化背景下，作物栽培与耕作首先要应对常规的耕地减少、水资源短缺等资源约束，最大限度地提高农业有限水、土资源的利用效率，变"资源高耗"为"资源高效"。我国传统农作物生产技术模式以高投入、高产出为特征，不仅容易造成资源利用效率不高，而且对生态环境质量的压力越来越大，已成为农业生产可持续发展的关键制约因素。持续提高我国农业生产能力的关键在于提高水、土、肥等资源的投入产出效率，协调作物高产与资源环境保护的矛盾，有效解决我国粮食主产区及高产农区普遍存在的资源投入多、利用效率低的问题。以节地、节水、节肥、节药、节能农作制度为核心，通过技术开发、集成、示范、推广等措施，改革传统的资源高耗低效农作制度，构建新型的资源节约和生态安全的农作制度，将多熟高产高效、秸秆还田与地力提升、旱作节水与养分管理等集成配套，探索建立适合不同类型区域的资源低耗高效型农作制度和配套栽培技术体系（陈阜 等，2010）。

## 7.3.2　作物生产固碳减排技术

农业生产和土地利用变化排放的温室气体大约占全球总温室气体量的三分之一，其中作物生产系统的碳源与碳汇的总量都较大，具有巨大的固碳减排潜力。采用合理的施肥技术、灌溉技术、保护性耕作农作技术，在增加作物产量和提高资源利用效率的同时，可以减少农田温室气体排放，并提高土壤固碳能力。

保护性耕作作为一项通过对农田实行免耕少耕和秸秆留茬覆盖还田、控制土壤风蚀水蚀和沙尘污染,以提高土壤肥力和抗旱节水能力的节能降耗和节本增效的先进农业耕作技术,已在全球 70 多个国家推广应用。保护性耕作和秸秆还田能够增加土壤有机碳,具有"碳汇"效应,实施少、免耕等保护性耕作措施,能够减少 $CO_2$ 等温室气体排放。在我国华北平原和长江中下游平原的长期定位试验结果显示,免耕与传统翻耕比较,可以减少温室气体排放 30%～60%,土壤表层有机碳含量增加 18%～25%。同时,秸秆还田减少了秸秆焚烧造成的 $CO_2$ 排放对大气的污染,以推进有机物的资源化利用。联合国政府间气候变化专门委员会(IPCC)的 2000年报告中提出:保护性耕作每年能固定碳超过 1 t · $hm^{-2}$;北美、南美一些国家由于长期实行保护性耕作,其农业土壤碳库呈稳定增长的趋势。全球土壤增碳潜力为 4 亿～12 亿 t · $a^{-1}$,其中保护性耕作可达 0.1～1.0 t · $hm^{-2}$ · $a^{-1}$(Lal,2004)。

在作物施肥管理方面,需要鼓励无机肥和有机肥配合深施,可明显减少化学肥料的投入,降低农田碳成本,提高肥料利用率 15%～20%。测土配方、平衡施肥、选用缓控释肥不但能为作物高产提供最好的养分条件,而且可以减少使用量与施肥次数,降低生产成本,减少环境污染,提高肥料的利用率。作物秸秆及有机废弃物堆肥或沼渣还田技术,既有利于保持稻田土壤肥力、改良土壤结构,又可以避免秸秆焚烧带来的环境污染和温室气体排放。

稻田是重要的甲烷($CH_4$)排放源,我国水稻田 $CH_4$ 排放量为 5.2 Tg,占全球水稻生产 $CH_4$ 总排放量的 22%。采用优化的农艺措施在保证水稻高产的前提下实现稻田减排是我国低碳农作技术的重要内容,主要是通过调整水分管理方式减少水稻季土壤淹水时间,如间歇灌溉、控制灌溉、浸润灌溉、半旱栽培等节水灌溉方式可以抑制 $CH_4$ 的排放。研究表明,与长期淹水相比的节水灌溉技术可降低 26%～90%的稻田 $CH_4$ 排放。此外,水旱轮作技术也可以有效减少稻田 $CH_4$ 排放,如我国西南稻区通过改善冬水田的排水设施,改一年一季水稻为水旱轮作,将冬季淹水改为小麦、油菜等旱作,不仅可以减少冬季淹水期 $CH_4$ 排放,还可以使周年 $CH_4$ 排放量减少 40%以上。

# 7.4　作物种质资源利用新品种选育

## 7.4.1　作物种质资源多样性保护与开发利用

作物种质资源是作物育种和农业可持续发展的重要物质基础,可以为应对气候变化研究提供重要的遗传资源,尤其是分布于不同的生态环境的种质资源,如沿海地区的耐盐碱种质资源、西部干旱地区的抗旱种质资源、边远山区的古老农家品种和野生种质资源,是我国生物多样性的重要组成部分,对维系人类生存繁衍和生态平衡发挥着不可替代的作用。但气候变化正在导致全球生物遗传资源快速消失，多样性减少的一个典型例子就是拉丁美洲的豆类，哥伦比亚的国际热带农业中心(CIAT)的科学家 Peter Jones 研究报道：在花生属(包括花生在内的多个花生物种家族)的 17 个野生种里，12 个将在 2055 年前由于气候变化而灭绝，其他地区也有类似现象。农作物的多样性必须得到有效的保存、管理，并用于改良作物和适应气候。国际水稻研究所(IRRI)最新的"sub1"水稻品系研究表明，这一品系可以耐受水淹达 17 d。国际小麦玉米改良中心(CIMMYT)已经开始搜寻耐旱的野生小麦和"当地种"——已经适应了当地气候达数世纪的传统作物，该中心测绘小麦耐旱基因，该基因可能让小麦具有耐旱、耐盐碱和耐低温的特性。国际半干旱热带研究中心(ICRISAT)的 2007—2012 年研究战略把目标对准了短期和中长期的气候变化问题，重点是更好地理解耐性的生理机制、更广泛的基因库以及筛选有用基因的更有效方法，让黍、高粱、大豆和花生更好地适应重大气候压力，并已经开发了耐热、耐土壤高温、耐旱、耐雨量变化和耐病害的品种。

众多科学家认为，充分利用基因库和广泛的遗传资源，是挖掘作物适应气候变化最具潜力的途径。但同时也意识到任务的艰巨性：一方面，从科学家开始寻找新特性到一个新的稳定的品种在农民的田间种植，往往需要几十年时间；另一方面要把人类需要的几种耐性基因和高产基因放进同一个作物，变成一个生产上能够应用的品种在技术上也相当困难。

## 7.4.2　作物抗逆稳产新品种选育

气候变化正在让作物科学家们重新审视农作物新品种选育的研究任务，需要从追求增加产量转移到提高作物适应性上。IPCC 的几份报告相继警告干旱和洪水的增加将改变作物系统，培育"抵御气候变化"的作物已经变得至关重要。IPCC联合主席 Martin Parry 明确指出，农作物研究的重点应该转向适应环境压力，例如温度升高和缺水。国际农业研究磋商组织(CGIAR)的各个研究所正在研究如何让作物更加耐受环境压力，已经有大批科学家提出：不要再把追求增加作物产量作为核心，而应把重点放在让作物对全球变暖更具适应性上，开发耐热、耐旱、抗病特性品种是关键，如何让作物更加耐受环境压力将是作物研究的重要任务。

从我国作物生产的实际需求看，气候变化导致干旱、洪涝、高温、冻害等气象灾害的频率增加，并使农作物病虫草鼠害发生规律出现诸多新变化，作物生产对抗灾和稳产性能强的品种需求更为迫切。在这种背景下，必须调整优化我国现行品种审定的指标体系，不要再把追求增加作物产量作为核心，需要推出更多适应范围广、抗逆能力强的新品种，让作物品种对全球变暖更具适应能力。同时，气候变化使作物品种需求及布局变化变得更加复杂，如：华北地区由于冬季变暖对春化作用造成影响,冬小麦品种的冬性要求变弱、春性增强;东北许多地区的早熟玉米品种将逐渐被中、晚熟品种取代(农业部信息中心,2003)。

## 7.5　农田水利设施与生态环境建设

　　气候变化对作物生产最显著、最直接的影响是增加波动性和脆弱性,对农田的抗灾防灾能力建设提出更高要求(潘根兴 等,2011)。气候变化导致的干旱化趋势加剧、低产土壤和障碍土壤面积扩大、坡耕地水土流失更为严重及农业气象灾害风险提高等潜在威胁对作物生产会产生显著影响,要求农业必须加大投入,加强农田水利工程、农业基础设施和农田生态环境建设,提高农业抗御自然灾害的能力(林而达 等,2006)。

　　一方面,需要政府在应对气候变化的相关政策法规与规划方面,高度重视农业基础设施建设,不断提高农业对气候变化的应变能力和抗灾减灾水平。不断加强农田基本建设,加强水利工程、水土保持、小流域治理等生态环境保护工程建设,在粮食主产区建设一批高标准的高产稳产农田,减少气候变化对农业的不利影响。另一方面,积极推进区域农业生态建设和农田生态环境改善,完善江河湖泊防洪工程和防洪减灾体系,加大农田防护林建设力度,优化灌溉管理系统及自然降水收集利用途径。

## 参 考 文 献

陈阜,任天志.2010.中国农作制战略优先序.北京:中国农业出版社.
林而达,许吟隆,蒋金荷,等.2006.气候变化国家评估报告(Ⅱ):气候变化的影响与适应.气候变化研究进展,**2**(2):51-56.
刘巽浩,陈阜.2006.中国农作制.北京:中国农业出版社.
农业部信息中心.2003.气候变化对我国粮食安全生产产生重大影响.农村经济与科技,(6):44.
潘根兴,高民,胡国华,等.2011.应对气候变化对未来中国农业生产影响的问题和挑战.农业环境科学学报,**30**(9):1 707-1 712.
Lal R. 2004. Soil carbon sequestration to mitigate climate change. *Geoderma*,**123**:1-22.

# 关键词索引